합격특강

실기

이지선, 이현순 공저

다락원

머리말

이제는 카페에서 음료와 함께 빵과 과자를 즐기는 카페테리아 문화가 우리에게 빼놓을 수 없는 일상이 되었습니다. 이러한 카페테리아 문화는 단순히 간편하게 식사하는 유럽의 카페테리아 콘셉트를 넘어서 일상의 소소한 행복을 느끼려는 시공간의 개념에까지 이르고 있습니다. 또한, 이러한 흐름은 음료와 잘 어울리는 빵, 과자를 찾아서 먹어보는 것에서 머물지 않고 만드는 즐거움(DIY, do it yourself), 그리고 전문적으로 배워서 취업이나 창업을 하려는 움직임까지 낳게 하였습니다.

제과제빵 분야에서는 빵을 전문으로 만드는 사람을 블랑제(boulange), 케이크와 파이 등을 전문으로 만들고 장식하는 사람을 파티쉐(pâtissier)라 합니다. 그리고 좀 더 특화되고 전문화된 분야로 선택을 할 수도 있습니다. 그러나 제과제빵의 기본과정(an elementary course)이라 할 수 있는 제과제빵기능사 자격 취득과정이 바탕이 되어야 비로소 전문적인 제과제빵사(specialist)가 될 수 있습니다. 이렇듯 제과제빵 직종은 점차로 전문적이고 특화된 방향으로 나아가고 있습니다. 그러므로 직업교육의 기본과정(an elementary course of vocational education)을 이수하고 난 후에야 비로소 블랑제(boulange), 파티쉐(pâtissier), 쇼콜라티에(chocolatier), 설탕 공예가(sugar craftsman), 케이크 디자이너(cake designer) 등의 전문직(special job)으로 그 영역을 확장해 나아갈 수 있습니다.

그렇지만 기본과정인 제과제빵기능사 실기시험에는 전문적인 기능이 포함되어 있어 처음 실기시험을 준비하는 분들에게는 다소 어려움이 있을 수 있습니다. 이에 조금이라도 도움이 되고자 몇 년간의 강의를 토대로, 처음 응시하는 이들에게 실기시험의 길잡이가 될 수 있도록 수험자가 꼭 알아야 할 사항들로만 구성하여 실기교재를 집필하였습니다.

이 교재는 학원이나 전문학교에서 수업교재로 사용할 수 있도록 기본적인 공정과 제조 시 중요한 합격 포인트를 작성해 두었습니다. 전체적인 제조 흐름을 이해하고 합격 포인트를 암기하는 방식으로 공부한다면 제과제빵기능사 자격증 취득에 좋은 결과가 있을 것입니다.

아무쪼록 여러분의 제과제빵기능사 실기시험의 합격 및 꿈을 위한 도전을 응원하며, 좋은 실기교재가 될 수 있도록 지속적인 노력을 다하겠습니다.
끝으로 이 책이 나오기까지 애써주신 다락원 임직원 여러분께 진심으로 감사를 드립니다.

저자 일동

시험안내

지참준비물 CHECK LIST

- ☐ 계산기
- ☐ 고무주걱
- ☐ 국자
- ☐ 나무주걱
- ☐ 마스크
- ☐ 보자기(60*60cm)
- ☐ 분무기
- ☐ 붓
- ☐ 스쿱
- ☐ 실리콘페이퍼(선택사항)
- ☐ 오븐장갑
- ☐ 온도계
- ☐ 일회용 봉투(대)

- ☐ 스테인리스 볼(추가 지참 가능)
- ☐ 개인용 저울(지참 가능)
- ☐ 위생모/위생복
- ☐ 자(30~50cm)
- ☐ 작업화
- ☐ 주걱
- ☐ 짤주머니(선택사항)
- ☐ 커터칼
- ☐ 행주(4장)
- ☐ 흑색볼펜
- ☐ 일회용 용기(계량용)
- ☐ 사과파이용 필러(제과, 지참 가능)
- ☐ 수세미

※ 지참준비물은 필요하면 더 지참해도 됩니다.

수험자 유의사항

1. 항목별 배점은 제조공정 55점, 제품평가 45점이며, 요구사항 외의 제조방법 및 채점기준은 비공개입니다.

2. 시험시간은 재료 전처리 및 계량시간, 제조, 정리정돈 등 모든 작업과정이 포함된 시간입니다(감독위원의 계량확인 시간은 시험시간에서 제외).

3. 수험자 인적사항은 검정색 필기구만 사용하여야 합니다. 그 외 연필류, 유색 필기구, 지워지는 펜 등은 사용이 금지됩니다.

4. 시험 전 과정 위생수칙을 준수하고 안전사고 예방에 유의합니다.
   - 시작 전 간단한 가벼운 몸 풀기(스트레칭) 운동을 실시한 후 시험을 시작하십시오.
   - 위생복장의 상태 및 개인위생(장신구, 두발·손톱의 청결 상태, 손씻기 등)의 불량 및 정리 정돈 미흡 시 위생항목 감점처리 됩니다.

5. 다음 사항은 실격에 해당하여 채점 대상에서 제외됩니다.

① 수험자 본인이 수험 도중 시험에 대한 포기 의사를 표현하는 경우

② 위생복 상의, 위생복 하의(또는 앞치마), 위생모, 마스크 중 1개라도 착용하지 않은 경우

③ 시험시간 내에 작품을 제출하지 못한 경우

④ 수량(미달), 모양을 준수하지 않았을 경우
  - 지정된 수량 초과, 과다 생산의 경우는 총점에서 10점을 감점합니다.
  - 수량은 시험장 팬의 크기 등에 따라 감독위원이 조정하여 지정할 수 있으며, 잔여 반죽은 감독위원의 지시에 따라 별도로 제출하시오.
    (단, 'O개 이상'으로 표기된 과제는 제외합니다.)
  - 반죽 제조법(공립법, 별립법, 시퐁법 등)을 준수하지 않은 경우는 제조공정에서 반죽 제조 항목(과제별 배점 5~6점 정도)을 0점 처리하고, 총점에서 10점을 추가 감점합니다.

⑤ 상품성이 없을 정도로 타거나 익지 않은 경우

⑥ 지급된 재료 이외의 재료를 사용한 경우

⑦ 시험 중 시설·장비의 조작 또는 재료의 취급이 미숙하여 위해를 일으킬 것으로 감독위원 전원이 합의하여 판단한 경우

6. 의문사항이 있으면 감독위원에게 문의하고, 감독위원의 지시에 따릅니다.
  - 시험장의 저울 눈금표시 단위에 맞춰 시험장 감독위원의 지시에 따라 올림 또는 내림으로 계량할 수 있습니다.
  - 배합표에 비율(%) 60~65, 무게(g) 600~650 과 같이 표기된 과제는 반죽의 상태에 따라 수험자가 물의 양을 조정하여 제조합니다.
  - 제과기능사, 제빵기능사 실기시험의 전체 과제는 '반죽기(믹서) 사용 또는 수작업 반죽(믹싱)'이 모두 가능함을 참고하시기 바랍니다(마데라컵케이크, 초코머핀 등의 과제는 수험자 선택에 따라 수작업 믹싱도 가능).
  - 단 요구사항에 반죽 방법(수작업)이 명시된 과제는 요구사항을 따라야 합니다.
  - 시험장에는 시간을 확인할 수 있는 공용시계가 구비되어 있으며, 시험시간의 종료는 공용시계를 기준으로 합니다. 만약, 수험자 개인이 시계나 타이머를 지참하여 사용하고자 할 경우, 아래 사항에 유의하시기 바랍니다.
    - 손목시계는 장신구에 해당하여 위생 부분이 감점처리 되므로 사용하지 않습니다.
    - 탁상용 시계가 제조 과정 중 재료 및 도구와 접촉시키는 등 비위생적으로 관리할 경우 위생 부분이 감점되므로 유의합니다. 또한, 시험시간은 공용시계를 기준으로 하므로 개인이 지참한 시계는 시험시간의 기준이 될 수 없음을 유념하시기 바랍니다.
    - 타이머는 소리 알람(진동)이 발생하지 않도록 '무음 및 무진동'으로 설정하여 사용합니다.(다른 수험자에게 피해가 될 수 있으므로 특히 주의)
    - 개인이 지참한 시계, 타이머에 의하여 소리 알람(진동)이 발생하여 시험진행에 방해가 될 경우, 본부요원 및 감독위원은 수험자에게 개별적인 시계, 타이머 사용을 금지시킬 수 있습니다.

위생기준
상세안내

1. 위생복
- 기관 및 성명 등의 표식이 없을 것
- 상의 : 전체 흰색, 기관 및 성명 등의 표식이 없을 것
  - 소매 길이는 팔꿈치가 덮이는 길이 이상의 7부·9부·긴소매 착용
  - 7부·9부 착용 시 수험자 필요에 따라 흰색 팔토시 사용 가능
  - 상의 여밈은 위생복에 부착된 것이어야 하며 벨크로(일명 찍찍이), 단추 등의 크기, 색상, 모양, 재질 등은 제한하지 않음
  - 다만 금속성 부착물이나 뱃지, 핀 등은 금지
  - 팔꿈치 길이보다 짧은 소매는 작업상 금지하며 부직포, 비닐 등 화재에 취약한 재질 금지
  - 부적합할 경우 위생 점수 전체 0점
- 하의 :「흰색 긴바지 위생복」또는「(색상 무관) 평상복 긴바지와 흰색 앞치마」
  - 흰색 앞치마 착용 시, 앞치마 길이는 무릎 아래까지 덮이는 길이일 것
  - 바지의 색상·재질은 무관하나, 부직포나 비닐 등 화재에 취약한 재질이 아닐 것
  - '반바지·짧은 치마·폭넓은 바지'등 안전과 작업에 방해가 되는 경우는 위생점수 전체 0점

2. 위생모
- 전체 흰색, 기관 및 성명 등의 표식이 없을 것
- 빈틈이 없고, 일반 제과점에서 통용되는 위생모 (크기 및 길이, 재질은 제한 없음)
- 흰색 머릿수건(손수건)은 머리카락 및 이물에 의한 오염 방지를 위해 착용 금지

3. 위생화 또는 작업화
- 색상 무관, 기관 및 성명 등의 표식이 없을 것
- 조리화, 위생화, 작업화, 운동화 등 가능 (단, 발가락, 발등, 발뒤꿈치가 모두 덮일 것)
- 미끄러짐 및 화상의 위험이 있는 슬리퍼류, 작업에 방해가 되는 굽이 높은 구두, 속 굽이 있는 운동화가 아닐 것

4. 마스크
- 침액 오염 방지를 위해 종류는 제한하지 않음
- 단, 감염병 예방법에 따라 마스크 착용 의무화 기간에는 '투명 위생 플라스틱 입가리개'는 마스크 착용으로 인정하지 않음

5. 장신구
- 일체의 개인용 장신구 착용 금지(단, 위생모 고정을 위한 머리핀은 허용)
- 손목시계, 반지, 귀걸이, 목걸이, 팔찌 등 이물, 교차오염 등의 식품위생 위해 장신구는 착용하지 않을 것
- 위생모 고정을 위한 머리핀은 허용함

6. 두발
- 단정하고 청결할 것
- 머리카락이 길 경우 흘러내리지 않도록 머리망을 착용하거나 묶을 것

7. 손/손톱
- 손에 상처가 없어야 하며 상처가 있을 경우 보이지 않도록 조치를 취할 것 (시험위원 확인 하에 추가 조치 가능)
- 손톱이 길지 않고 청결하며 매니큐어, 인조손톱부착을 하지 않을 것

8. 위생관리 및 안전사고 발생 처리
- 재료 및 조리기구 등 조리에 사용되는 모든 것은 위생적으로 처리하여야 하며, 제과·제빵용으로 적합한 것일 것
- 칼 사용으로(손 빔) 등으로 안전사고 발생 시 응급조치를 하여야하며, 응급조치에도 지혈이 되지 않을 경우 시험 진행 불가

※ 위생복, 위생모 착용에 대한 채점기준

위생복, 위생모 중 한 가지라도 미착용일 경우	실격(채점대상 제외)
평상복(흰티셔츠), 패션모자(흰털모자, 비니, 야구모자 등)를 착용한 경우	실격(채점대상 제외)
마스크 미착용의 경우	실격(채점대상 제외)
유색, 표식이 가려지지 않은 '위생복, 위생모, 팔토시' 착용한 경우	위생점수 0점
반바지나 치마를 착용한 경우	위생점수 0점
단추를 제외한 테두리, 가장자리 등 일부 유색인 위생복을 착용한 경우(청테이프 등으로 표식이 가려지지 않는 경우)	위생점수 0점
제과·식품가공용 위생복이 아니며 화재에 취약한 재질이나 실험복 형태의 영양사 가운이나 실험용 가운을 착용한 경우	위생점수 0점
위생모 윗면이나 옆면 등이 뚫려있어 머리카락이 보이거나, 수건 재질 등으로 감싸 바느질 마감처리가 되어 있지 않고 풀어지기 쉬운 재질의 위생모를 착용한 경우	위생점수 0점
제과·제빵·조리 도구에 테이프 등 이물질을 부착한 경우	위생점수 0점
반드시 특수 표식이나 무늬, 그림이 없는 흰색 위생복 착용	

차례

NCS 능력단위 수행기준

제과 실무

제빵 실무

제과 · 제빵 실무(공통과목)

실기 과목명	제과 실무
직무내용	주요항목, 세부항목, 세세항목, 실무내용

1 기본 케이크류 만들기

(1) 반죽형 케이크 만들기
1. 작업지시서에 따라 배합표를 점검하고 필요한 도구를 준비할 수 있다.
2. 배합표에 따라 재료를 계량하고 필요한 전처리를 할 수 있다.
3. 작업지시서에 제시된 방법에 따라 반죽형 반죽을 할 수 있다.
4. 작업지시서에 따라 반죽형 케이크의 반죽 온도, 비중을 확인하고 조절할 수 있다.

(2) 거품형 케이크 만들기
1. 작입지시서에 따라 배합표를 점검하고 필요한 도구를 준비할 수 있다.
2. 배합표에 따라 재료를 계량하고 필요한 전처리를 할 수 있다.
3. 작업지시서에 제시된 방법에 따라 거품형 반죽을 할 수 있다.
4. 작업지시서에 따라 거품형 케이크의 반죽 온도, 비중을 확인하고 조절할 수 있다.

(3) 케이크 정형하기
1. 제품의 특성에 따라 사각팬, 원형팬, 파운드팬 등을 준비할 수 있다.
2. 필요에 따라 팬에 종이깔기를 할 수 있다.
3. 제품의 특성에 따라 케이크 반죽을 손실 없이 나눌 수 있다.
4. 반죽의 특성에 따라 신속하고 고르게 팬닝할 수 있다

(4) 케이크 익히기
1. 제품의 특성에 따라 익히는 방법을 선택할 수 있다.
2. 제품의 특성에 따라 적합한 오븐을 선택할 수 있다.
3. 제품의 특성에 따라 익히는 온도·시간을 조절할 수 있다.
4. 제품의 특성 및 크기에 따라 익힌 상태의 적정 여부를 확인할 수 있다.

2 구움과자류 만들기

(1) 구움과자류 반죽하기
1. 작업지시서에 따라 배합표를 점검하고 필요한 도구를 준비할 수 있다.
2. 배합표에 따라 재료를 계량하고 필요한 전처리를 할 수 있다.
3. 배합표에 따라 크림법, 1단계법(단단계법), 블렌딩법으로 반죽할 수 있다.
4. 배합표에 따라 반죽 온도 및 반죽 상태를 조절할 수 있다.

(2) 구움과자류 정형하기
1. 제품 특성에 따라 팬을 준비할 수 있다.
2. 필요한 토핑물을 조건에 맞게 준비할 수 있다.
3. 제품의 특성에 따라 분할, 성형하여 팬닝할 수 있다,

(3) 구움과자류 굽기
1. 제품 특성에 따라 오븐의 종류를 선택할 수 있다.
2. 제품에 따라 오븐 온도와 시간을 설정하고 관리할 수 있다.
3. 제품 특성에 따라 제품을 균일하게 구울 수 있다.

(4) 구움과자류 장식하기
1. 제품 특성에 따라 코팅 및 토핑물을 준비할 수 있다.
2. 구움과자류 표면에 토핑물을 장식할 수 있다.
3. 제품 특성에 따라 필요한 코팅을 할 수 있다.

3 타르트 · 파이류 만들기

(1) 타르트 · 파이 반죽하기
1. 작업지시서에 따라 배합표를 점검하고 필요한 도구를 준비할 수 있다.
2. 배합표에 따라 재료를 계량하고 필요한 전처리를 할 수 있다.
3. 작업지시서에 따라 타르트 · 파이 반죽을 할 수 있다.

(2) 충전물 · 토핑물 만들기
1. 작업지시서에 따라 재료를 준비하여 계량할 수 있다.
2. 충전물 · 토핑물 재료의 특성을 고려하여 전처리할 수 있다.
3. 제품 특성에 따라 충전물 · 토핑물을 만들 수 있다.

(3) 타르트 · 파이 정형하기
1. 작업지시서에 따라 정형에 필요한 적절한 팬과 도구를 준비할 수 있다.
2. 제품의 특성에 따라 밀어펴기와 휴지를 할 수 있다.
3. 제품의 특성에 따라 분할 · 성형하여 팬닝할 수 있다.
4. 제품의 특성에 따라 충전물과 토핑물을 활용할 수 있다.

(4) 타르트 · 파이 굽기
1. 제품 특성에 따라 적합한 오븐을 선택할 수 있다.
2. 제품에 따라 오븐의 온도, 시간을 조절하여 굽기를 관리할 수 있다.
3. 굽기 완료 시 타르트 · 파이 제품의 특성에 맞게 구워진 상태의 적정여부를 확인할 수 있다.

4 과자류제품 포장

(1) 과자류제품 냉각하기
  1. 제품특성에 따라 냉각방법을 선택할 수 있다.
  2. 제품특성에 따라 냉각환경을 설정할 수 있다.
  3. 제품특성에 따라 적합하게 냉각되었는지 확인할 수 있다.

(2) 과자류제품 마무리하기
  1. 제품특성에 따라 마무리 재료를 준비할 수 있다.
  2. 제품특성에 따라 마무리 방법을 선택할 수 있다.
  3. 제품특성에 따라 마무리할 수 있다.

(3) 과자류제품 장식하기
  1. 제품의 특성에 따라 장식물을 선택할 수 있다.
  2. 제품의 특성에 따라 장식방법을 선택할 수 있다.
  3. 제품의 특성에 따라 장식할 수 있다.
  4. 제품의 특성에 따라 적합하게 장식되었는지 확인할 수 있다.

(4) 과자류제품 포장하기
  1. 제품특성에 따라 포장방법을 선택할 수 있다.
  2. 제품 포장 시 선택된 포장방법에 따라 포장할 수 있다.
  3. 제품 포장 시 제품의 특성에 적합하게 포장되었는지 확인할 수 있다.
  4. 제품 포장 시 제품의 표시사항을 표기할 수 있다.

5 과자류제품 저장유통

(1) 과자류제품 실온냉장저장하기
  1. 실온 및 냉장보관 시 관리기준에 따라 온도와 습도를 관리할 수 있다.
  2. 실온 및 냉장보관 시 선입선출 기준에 따라 관리할 수 있다.
  3. 실온 및 냉장보관 시 작업편의성을 고려하여 정리 정돈할 수 있다.

(2) 과자류제품 냉동저장하기
  1. 냉동보관 시 관리기준에 따라 온도와 습도를 관리할 수 있다.
  2. 냉동보관 시 선입선출 기준에 따라 관리할 수 있다.
  3. 냉동보관 시 작업편의성을 고려하여 정리 정돈할 수 있다.

(3) 과자류제품 유통하기
  1. 제품 유통 시 식품위생법규에 따라 표시사항을 표기할 수 있다.
  2. 제품 유통을 위한 포장 시 포장기준에 따라 파손 및 오염이 되지 않도록 포장할 수 있다.
  3. 제품 유통 시 관리 온도기준에 따라 적정한 온도를 설정할 수 있다.
  4. 제품 공급 시 배송조건을 고려하여 고객이 원하는 시간에 맞춰 제공할 수 있다.

실기 과목명	제빵 실무
직무내용	주요항목, 세부항목, 세세항목, 실무내용

1 식빵류 만들기

(1) 식빵류 반죽하기
1. 작업지시서에 따라 배합표를 점검하고 필요한 도구를 준비할 수 있다.
2. 배합표에 따라 재료를 계량하고 필요한 전처리를 할 수 있다.
3. 작업지시서에 따라 식빵류의 반죽 온도를 조절할 수 있다.
4. 식빵류 반죽의 혼합 순서에 따라 재료를 투입하여 반죽할 수 있다.
5. 제품의 특성에 따라 식빵류 반죽 상태의 적절성과 완료점을 확인할 수 있다.

(2) 식빵류 1차 발효하기
1. 식빵류 반죽의 특성에 따라 1차 발효 조건을 조절할 수 있다.
2. 반죽 온도, 반죽 상태에 따라 1차 발효 시간을 조절할 수 있다.
3. 반죽의 특성에 따라 1차 발효 완료점을 확인하고 조절할 수 있다.

(3) 식빵류 충전물 · 토핑물 만들기
1. 식빵류 제품의 특성에 따라 충전물 · 토핑물의 재료를 준비할 수 있다.
2. 재료의 특성에 따라 필요한 재료는 별도로 전처리할 수 있다.
3. 식빵류 제품의 특성을 고려하여 충전물 · 토핑물을 제조할 수 있다.

(4) 식빵류 정형하기
1. 반죽의 특성에 따라 신속한 분할과 둥글리기를 할 수 있다.
2. 반죽의 특성 및 둥글리기 정도에 따라 중간발효 상태를 확인할 수 있다.
3. 제품의 특성에 따라 성형할 수 있다.
4. 제품의 특성에 따라 충전물 · 토핑물을 사용할 수 있다.
5. 제품의 특성과 형태에 따라 적정 용량의 팬을 준비하여 팬닝할 수 있다.

(5) 식빵류 2차 발효하기
1. 반죽의 특성에 따라 발효기의 온도, 습도를 조절할 수 있다.
2. 반죽의 분할량, 정형 상태에 따라 2차 발효 상태를 점검할 수 있다.
3. 제품의 특성과 팬 높이를 고려하여 2차 발효 완료점을 확인할 수 있다.

(6) 식빵류 굽기
1. 제품의 특성에 따라 오븐 온도와 시간을 조절할 수 있다.
2. 식빵류 반죽의 2차 발효상태 및 팬 높이 정도를 고려하여 굽기를 할 수 있다.
3. 제품의 특성에 따라 쿠프와 토핑물을 사용할 수 있다.
4. 제품의 특성에 따라 옆면의 형태가 유지되도록 굽기를 완성할 수 있다.

2 단과자빵류 만들기

(1) 단과자빵류 반죽하기
1. 작업지시서에 따라 배합표를 점검하고 필요한 도구를 준비할 수 있다.
2. 배합표에 따라 재료를 계량하고 필요한 전처리를 할 수 있다.
3. 단과자빵류의 반죽 혼합 순서에 따라 재료를 투입하여 반죽할 수 있다.
4. 제품의 특성에 따라 단과자빵류 반죽 상태의 적절성과 완료점을 확인할 수 있다.

(2) 단과자빵류 1차 발효하기
1. 단과자빵류 반죽의 특성에 따라 1차 발효 조건을 조절할 수 있다.
2. 반죽 온도, 반죽 상태에 따라 1차 발효 시간을 조절할 수 있다.
3. 반죽의 특성에 따라 1차 발효 완료점을 확인하고 조절할 수 있다.

(3) 단과자빵류 충전물·토핑물 만들기
1. 작업지시서에 따라 필요한 재료를 준비하여 전처리 할 수 있다.
2. 작업지시서에 따라 충전물·토핑물, 시럽을 만들 수 있다.

(4) 단과자빵류 정형하기
1. 반죽의 특성에 따라 신속한 분할과 둥글리기를 할 수 있다.
2. 반죽의 특성 및 둥글리기 정도에 따라 중간발효 상태를 확인할 수 있다.
3. 제품의 특성에 따라 성형할 수 있다.
4. 제품의 특성에 따라 충전물·토핑물을 사용할 수 있다.
5. 제품특성에 따라 고유의 모양으로 성형하여 팬닝할 수 있다.

(5) 단과자빵류 2차 발효하기
1. 반죽의 특성에 따라 발효기의 온도, 습도를 조절할 수 있다.
2. 제품특성에 따라 발효 완료점을 확인할 수 있다.

(6) 단과자빵류 굽기
1. 제품특성에 따라 오븐 온도와 시간을 조절할 수 있다.
2. 제품특성에 따라 튀김 온도와 시간을 조절할 수 있다.
3. 제품특성에 따라 토핑, 충전하여 마무리 작업을 할 수 있다.

3 하드계열빵류 만들기

(1) 하드계열빵류 반죽하기
1. 작업지시서에 따라 배합표를 점검하고 필요한 도구를 준비할 수 있다.
2. 배합표에 따라 재료를 계량하고 필요한 전처리를 할 수 있다.
3. 반죽특성에 따라 반죽의 속도를 조절할 수 있다.
4. 반죽완료 시 반죽 상태의 적정 완료 상태를 판단할 수 있다.

(2) 하드계열빵류 1차 발효하기
1. 하드계열빵류 반죽의 특성에 따라 1차 발효 조건을 조절할 수 있다.
2. 반죽 온도, 반죽 상태에 따라 1차 발효 시간을 조절할 수 있다.
3. 반죽의 특성에 따라 1차 발효 완료점을 확인하고 조절할 수 있다.

(3) 하드계열빵류 정형하기

1. 반죽의 특성에 따라 신속한 분할과 둥글리기를 할 수 있다.
2. 반죽의 특성 및 둥글리기 정도에 따라 중간발효 상태를 확인할 수 있다.
3. 제품의 특성에 따라 성형할 수 있다.
4. 제품특성에 따라 고유의 모양으로 성형하여 팬닝할 수 있다.

(5) 하드계열빵류 2차 발효하기

1. 반죽의 특성에 따라 발효기의 온도, 습도를 조절할 수 있다.
2. 제품특성에 따라 발효 완료점을 확인할 수 있다.
3. 제품 특성에 따라 데치지, 토핑하기, 칼집내기 등 작업을 할 수 있다.

(6) 하드계열빵류 굽기

1. 제품별 특성과 발효상태에 따라 굽는 시간과 온도를 조절할 수 있다.
2. 제품 특성을 위해 오븐 온도와 압력을 고려하여 스팀을 사용할 수 있다.
3. 제품 특성에 따라 균일한 색상과 익힘 상태를 판단할 수 있다.

4 빵류제품 스트레이트 반죽

(1) 스트레이트 반죽하기

1. 스트레이트 반죽 시 작업지시서에 따라 사용수의 온도를 조절할 수 있다.
2. 스트레이트 반죽 시 제품특성에 따라 반죽기의 속도를 조절할 수 있다.
3. 스트레이트 반죽 완료 시 제품특성에 따라 반죽 정도의 적절성을 점검할 수 있다.

(2) 비상스트레이트 반죽하기

1. 비상스트레이트 반죽 시 작업지시서에 따라 사용수의 온도를 조절할 수 있다.
2. 비상스트레이트 반죽 시 제품특성에 따라 반죽기의 속도를 조절할 수 있다.
3. 비상스트레이트 반죽 완료 시 제품특성에 따라 반죽 정도의 적절성을 점검할 수 있다.

5 냉동빵 가공

(1) 냉동반죽하기

1. 냉동반죽 시 작업지시서에 따라 반죽의 사용수 온도를 조절할 수 있다.
2. 냉동반죽 시 작업지시서에 따라 후염법, 후이스트법 등으로 반죽할 수 있다.
3. 냉동반죽 완료 시 제품특성에 따라 둥글리기 또는 성형할 수 있다.

(2) 냉동보관하기

1. 분할 또는 성형 완료 시 작업지시서에 따라 반죽의 냉동조건을 조절할 수 있다.
2. 냉동 완료 시 제품 종류별 작업지시서에 따라 포장단위에 맞도록 포장할 수 있다.
3. 생산일, 유통기한에 따라 선입선출 기준으로 보관할 수 있다.
4. 냉동반죽 배송 및 운반 시 보관온도를 기준으로 운반·관리할 수 있다.

(3) 해동 · 생산하기

    1. 해동 시 작업지시서에 따라 상온 또는 냉장에서 해동할 수 있다.

    2. 냉동빵 생산 시 작업지시서에 따라 냉동 반죽을 제품화할 수 있다.

    3. 냉동빵 생산완료 시 작업지시서에 따라 품질관리를 할 수 있다.

실기 과목명	제과 · 제빵 실무(공통과목)
직무내용	주요항목, 세부항목, 세세항목, 실무내용

1 과자류 · 빵류제품 저장관리

(1) 과자류 · 빵류제품 냉각하기

    1. 제품 냉각 시 작업지시서에 따라 냉각방법을 선택할 수 있다.

    2. 제품 냉각 시 작업지시서에 따라 냉각환경을 설정할 수 있다.

    3. 제품 냉각 시 설정된 냉각환경에 따라 냉각할 수 있다.

    4. 제품 냉각 시 작업지시서에 따라 적합하게 냉각되었는지 확인할 수 있다.

【실무내용】**과자류 · 빵류제품 냉각하기**

제품의 종류에 따라 다르지만 상온에서 3~4시간 서서히 냉각시킨다.

(2) 과자류 · 빵류제품 장식하기

    1. 제품 장식 시 제품의 특성에 따라 장식물, 장식방법을 선택할 수 있다.

    2. 제품 장식 시 장식방법에 따라 장식조건을 설정할 수 있다.

    3. 제품 장식 시 설정된 장식조건에 따라 장식할 수 있다.

    4. 제품 장식 시 제품의 특성에 적합하게 장식되었는지 확인할 수 있다.

【실무내용】**과자류 · 빵류제품 장식하기**

과자류 · 빵류제품의 맛과 시각적 멋을 돋우고 나아가 과자류 · 빵류제품에 윤기를 준다.

(3) 과자류 · 빵류제품 포장하기

    1. 제품 포장 시 제품의 특성에 따라 포장방법을 선택할 수 있다.

    2. 제품 포장 시 포장방법에 따라 포장재를 결정할 수 있다.

    3. 제품 포장 시 선택된 포장방법에 따라 포장할 수 있다.

    4. 제품 포장 시 제품의 특성에 적합하게 포장되었는지 확인할 수 있다.

    5. 제품 포장 시 제품의 유통기한, 생산일자를 표기할 수 있다.

【실무내용】**과자류 · 빵류제품 포장하기**

상품의 가치를 향상시키고 제품의 수분 증발을 방지하여 노화를 억제하므로 저장성을 증대시킨다. 제품을 미생물의 오염으로부터 보호하기 위하여 적합한 재료나 용기에 담는다.

(4) 과자류·빵류제품 실온냉장저장하기

1. 실온 및 냉장보관 재료와 완제품의 저장 시 위생안전 기준에 따라 생물학적, 화학적, 물리적 위해요소를 제거할 수 있다.
2. 실온 및 냉장보관 재료와 완제품의 저장 시 관리기준에 따라 온도와 습도를 관리할 수 있다.
3. 실온 및 냉장보관 재료의 사용 시 선입선출 기준에 따라 관리할 수 있다.
4. 실온 및 냉장보관 재료와 완제품의 저장 시 작업편의성을 고려하여 정리 정돈할 수 있다.

【실무내용】 **과자류·빵류제품 실온냉장저장하기**

과자류·빵류제품의 저장 시 과자의 노화를 억제하여 과자류·빵류제품의 상품가치를 유지한다.

(5) 과자류·빵류제품 유통하기

1. 제품 유통 시 식품위생 법규에 따라 안전한 유통기간 설정 및 적정한 표시를 할 수 있다.
2. 제품 유통을 위한 포장 시 포장기준에 따라 파손 및 오염이 되지 않도록 포장할 수 있다.
3. 제품 유통 시 관리 온도기준에 따라 적정한 온도를 설정할 수 있다.
4. 제품 공급 시 배송조건을 고려하여 고객이 원하는 시간에 맞춰 제공할 수 있다.

【실무내용】 **과자류·빵류제품 유통하기**

1. 과자류·빵류제품 제조 시 먼저 작업실, 작업도구, 작업자의 위생을 청결히 하고 과자와 빵에 곰팡이의 발생을 촉진하는 물질을 없앤 후 보존료를 사용한다. 완성된 과자와 빵은 곰팡이가 피지 않는 환경에서 보관한다.
2. 완성된 과자류·빵류제품에는 일반적으로 유지(지방)가 많이 들어가므로 직사광선과 고온을 피해 보관하거나 혹은 유지의 산패를 억제하는 산화방지제를 사용한다.

2 과자류·빵류제품 위생안전관리

(1) 개인 위생안전관리하기

1. 식품위생법에 준해서 개인 위생안전관리 지침서를 만들 수 있다.
2. 식품위생법에 준한 작업복, 복장, 개인건강, 개인위생 등을 관리할 수 있다.
3. 식품위생법에 준한 개인위생으로 발생하는 교차오염 등을 관리할 수 있다.
4. 식중독의 발생 요인과 증상 및 대처방법에 따라 개인위생에 대하여 점검 관리할 수 있다.

【실무내용】 **개인 위생안전관리하기**

1. 개인 위생안전관리 지침서

건강관리		• 제과·제빵 종사자의 건강진단은 1년에 1회 실시하고 보건증을 보관한다. • 보건증 미발급자는 취업시키지 않도록 한다.
복장관리	머리	• 제과·제빵을 하는 모든 제과·제빵사 및 종사자는 위생모를 쓴다. • 머리는 단정하고, 청결히 하며 긴 머리는 묶는다. • 남자 제과·제빵사는 면도를 깨끗이 한다.
	얼굴	• 얼굴에 상처나 종기가 있는 제과·제빵사 및 종사자는 포장에서 배제한다.
	위생복	• 위생복은 세탁과 다림질을 깨끗이 한다. • 단추가 떨어졌거나 바느질이 터진 곳이 없는지 확인한다.
	액세서리	• 작업장에서는 안전 및 위생 요건상 반지 착용을 금한다. 반지는 오물이나 다른 요소의 질병과 오염원으로부터 박테리아를 번식시킬 수 있으며, 또한 설비에 걸리거나 열이 전도되므로 안전상 위험할 수 있음을 제과·제빵사 및 종사자에게 인식시킨다.
	화장	• 눈화장, 립스틱은 진하게 하지 않는다. • 향이 강한 화장품은 사용하지 않는다.
	신발	• 작업장 내에서 맨발에 슬리퍼만 신는 것을 금한다. • 화장실 전용 신발을 비치 사용한다.

2. 개인위생으로 발생하는 교차오염 관리
 ① 머리를 긁는 행위, 손가락으로 머리카락을 넘기는 행위, 코를 닦거나 만지는 행위, 귀를 문지르는 행위, 여드름이나 감싸지 않은 염증 부위를 만지는 행위, 더러운 유니폼을 입는 행위, 손에 기침을 하거나 재채기를 하는 행위, 식당에 침을 뱉는 행위 등은 식품오염 가능 행동이므로 하지 않는다.
 ② 깨끗한 모자 또는 머리 덮개와 매일 깨끗한 의복을 착용한다.
 ③ 식품준비 구역을 벗어날 때는 앞치마를 벗는다.
 ④ 손과 팔의 장신구를 제거한다.
 ⑤ 적절하고 깨끗하며 앞부분이 막힌 신발을 신는다.
3. 식중독의 감염 발생 시 대책과 예방
 ① 식중독이 의심되면 환자의 상태를 메모하고 즉시 진단을 받는다.
 ② 관할 보건소에 신고한다.
 ③ 추정 원인 식품을 수거하여 검사기관에 보낸다.
 ④ 감염형 세균성 식중독인 살모넬라균 식중독, 장염 비브리오균 식중독, 병원성 대장균 식중독 등은 내열성이 낮아 충분히 가열하는 것으로도 어느 정도 예방이 가능하다.
 ⑤ 독소형 세균성 식중독인 포도상구균 식중독, 보툴리누스균 식중독, 웰치균 식중독 등은 독소와 포자가 내열성이 높아 충분히 가열해도 파괴되지 않는다. 그러므로 식중독을 일으키는 원인을 제거해야 예방이 가능하다.

(2) 환경 위생안전관리하기
1. 작업환경 위생안전관리 시 식품위생법규에 따라 작업환경 위생안전관리 지침서를 작성할 수 있다.
2. 작업환경 위생안전관리 시 지침서에 따라 작업장주변 정리 정돈 및 소독 등을 관리 점검할 수 있다.
3. 작업환경 위생안전관리 시 지침서에 따라 제품을 제조하는 작업장 및 매장의 온·습도관리를 통하여 미생물 오염원인, 안전위해요소 등을 제거할 수 있다.
4. 작업환경 위생안전관리 시 지침서에 따라 방충, 방서, 안전 관리를 할 수 있다.
5. 작업환경 위생안전관리 시 지침서에 따라 작업장 주변 환경을 관리할 수 있다.

【실무내용】 환경 위생안전관리하기

1. 방충, 방서의 3단계
 ① 작업장 침입 방지를 위해 침입할 가능성이 있는 해충을 조사하고 발생할 수 있는 주요한 해충인 모기, 깔따구, 집파리, 나방 등이 침입하지 못하도록 조치를 취한다.
 ② 작업장 침입 후 포충 혹은 서식방지는 작업제조 시설의 외곽지역에 조명을 통하여 해충을 유인하고 건물 외곽은 해충 서식을 어렵게 관리한다. 제조건물 인접의 조경은 나무와 잔디보다는 자갈을 깔고 쓰레기장, 오폐수 처리장, 하수구는 주기적으로 소독(주 1회, 월 1회)을 실시한다.
 ③ 작업장 침입 방지와 침입 후 포충, 서식방지를 '포충 지수' 모니터링을 통해 지속적으로 관리한다. 만약에 '포충 지수'가 급격히 증가하거나 기준을 초과할 경우에는
  ㉠ 출입문 소독을 실시한다.
  ㉡ 하수구, 화장실 소독을 실시한다.
  ㉢ 작업장 내 서식 가능한 벽면, 틈새 청소, 소독 및 메움 등 보완을 실시한다.
2. 미생물의 감염을 감소시키기 위한 작업장 주변 환경 관리
 ① 주방의 벽면은 타일 재질로 매끄럽고 청소하기 편리하게 만든다.
 ② 소독액으로 벽, 바닥, 천장을 주기적으로 세척한다.
 ③ 깨끗하고 뚜껑이 있는 재료통을 사용한다.
 ④ 적절한 환기시설 및 조명시설이 된 저장실에 재료를 보관한다.
 ⑤ 빵상자, 수송차량, 매장 진열대는 항상 온도가 높지 않도록 관리한다.

(3) 기기 안전관리하기
1. 기기관리 시 내부안전규정에 따라 기기관리 지침서를 작성할 수 있다.
2. 기기관리 시 지침서에 따라 기자재를 관리 할 수 있다.
3. 기기관리 시 지침서에 따라 소도구를 관리 할 수 있다.
4. 기기관리 시 지침서에 따라 설비를 관리 할 수 있다.

① 가스기기는 조립부분 모두 분리 세제로 깨끗이 씻고, 화구가 막혔을 경우 철사로 구멍을 뚫고, 가스가 새어나오지 않도록 가스코크, 공기조절기 등을 점검한다.
② 제과·제빵기기는 전원이 꺼진 것을 확인하고 청소 및 손질한다.
③ 믹서기계 바깥부분 청소 시 모터에 물이 들어가지 않도록 한다.
④ 기기의 칼날 교체는 3개월 정도에 실시한다.
⑤ 진열용 과자·빵 플레이트(plate)는 3년에 1회 정도 교환한다.
⑥ 스테인리스 용기, 기구는 중성세제 이용 세척, 열탕소독, 약품소독(화학소독)을 사용전후에 한다.
⑦ 냉장, 냉동고는 주 1회 세정, 소독, 정기적 서리 제거를 한다.
⑧ 소기구류(칼, 도마, 행주)는 중성세제, 약알칼리세제를 사용하거나 세척 후 바람이 잘 통하고 햇볕 잘 드는 곳에 1일 1회 이상 소독한다.
⑨ 제과·제빵소도구, 과자·빵 보존용기, 칼은 중성세제를 이용하여 세척하고 자외선 소독을 1일 1회 이상 실시한다.

(4) 공정 안전관리하기

1. 공정관리 시 내부공정관리규정에 따라 공정관리 지침서를 작성할 수 있다.
2. 공정관리 지침서에 따라 제품설명서를 작성할 수 있다.
3. 공정관리 지침서에 따라 제과·제빵공정도 및 작업장 평면도 등 공정흐름도를 작성할 수 있다.
4. 공정관리 지침서에 따라 제과·제빵공정별 생물학적, 화학적, 물리적 위해요소를 도출할 수 있다.
5. 공정관리 지침서에 따라 제과·제빵공정별 중요관리지점을 도출할 수 있다.
6. 공정관리 지침서에 따라 굽기, 냉각 등 공정에 대해 한계기준, 모니터링, 개선조치 등이 포함된 관리계획을 작성할 수 있다.
7. 공정별로 작성된 관리계획에 따라 굽기, 냉각 등 공정을 관리할 수 있다.
8. 공정관리 한계기준 이탈 시 적절한 개선조치를 취할 수 있다.

제과·제빵공정 진행 시 공정흐름도를 작성하여 제과·제빵공정별 생물학적, 화학적, 물리적 위해요소를 파악하고 예방할 수 있는 중요관리지점(CCP)을 도출하여 안전하게 관리한다.
1. 가열 전 일반제조 공정
   가열공정에서 생물학적 위해요소(식중독균 등)가 제어되므로, 해당 공정은 일반적인 위생관리 수준으로 관리를 해도 무방한 공정이다.
   ① 재료의 입고 및 보관 단계
      원재료 및 부재료 운송차량이 들어오면 운송차량의 온도(온도 기록관리) 및 원부재료의 외관상태 등을 확인하고, 정상제품만 해당창고에 입고 및 보관한다. 만약에 부적합한 재료로 판명된 경우 식별표시 후 반품 또는 폐기한다. 여기서 정상제품이란 제품의 보관 온도가 이탈되지 않고, 포장이 파손되어 있지 않으며 표시사항이 정상적으로 표시되어 있는 제품과 선도가 유지되어 있는 제품 등을 말한다.
   ② 계량 단계
      계량공정은 제과·제빵사가 직접 실시하는 작업으로 제과·제빵사의 부주의로 교차오염, 사용도구에 의한 이물 등의 혼입우려가 있으므로 철저히 관리한다.
   ③ 배합
      배합작업은 주로 믹서를 이용하여 작업이 이루어지며 믹서 노후 및 파손으로 인해 금속이물의 파편이 제품에 혼입될 수 있으므로 믹서는 매일 노후 상태나 파손된 부위가 없는지 확인하고 관리한다.
   ④ 1차 발효
      발효실의 경우 높은 습도와 적정한 온도로 인하여 미생물의 증식이 쉬우므로 발효실 내부에 대하여 매일 세척, 소독을 실시하여 청결상태를 유지하도록 관리한다.
   ⑤ 반죽정형공정
      정형공정 역시 데포지터, 라운더, 오버헤드 프루퍼, 다양한 팬류, 몰더 등의 노후 및 파손으로 인해 금속 파편이 제품에 혼입될 수 있으므로 정형공정 기기들을 매일 노후 상태나 파손된 부위가 없는지 확인하고 관리한다.
   ⑥ 2차 발효
      2차 발효실의 경우 높은 습도와 적정한 온도로 인하여 미생물의 증식이 쉬우므로 발효실 내부에 대하여 매일 세척, 소독을 실시하여 청결 상태를 유지하도록 관리한다.

⑦ 굽기 전 충전물 주입 및 토핑

충전물 주입 및 성형 작업은 주로 주입기 등을 이용하여 작업이 이루어지기 때문에 이 역시 노후로 인한 이물질 혼입의 우려가 있으므로 파손된 부위가 없는지 확인하고 관리한다.

2. 가열 후 청결제조 공정

가열 후에는 CCP1 단계가 종료되었기 때문에 일반적인 위생관리로는 부족하고 반드시 청결구역에서 보다 더 청결하게 관리가 되어야 하는 공정으로 내포장 공정까지가 청결제조 공정이다.

① 가열(굽기)공정

가열(굽기)공정은 과자와 빵류에서 발생할 수 있는 식중독균을 관리하기 위한 중요관리지점(CCP1)으로 가열(굽기)공정은 가열(굽기)온도와 가열(굽기)시간을 통해 관리한다.

② 냉각

냉각공정은 가열(굽기)공정 이후의 과정으로 가장 청결한 상태로 관리하여야 하는 공정이다. 따라서 개인위생을 준수하지 않은 상태로 작업에 임할 경우 제과·제빵사로 인해 식중독균 등에 오염될 수 있으므로 제과·제빵사는 반드시 개인위생을 준수하고 수시로 손세척과 소독을 실시한다. 또한 제과·제빵사는 마스크를 착용하고 필요 시 1회용 장갑 등을 착용하고 작업한다.

③ 굽기 후 충전물 주입 및 토핑

충전물 주입 및 성형 작업은 주로 주입기 등을 이용하여 작업이 이루어지기 때문에 이 역시 노후로 인한 이물질 혼입의 우려가 있으므로 파손된 부위가 없는지 확인하고 관리한다.

④ 내포장

내포장공정은 가열(굽기)공정 이후의 과정으로 가장 청결한 상태로 관리되어야 하는 공정이다. 그리고 청결공정의 마지막 공정으로 제과·제빵사는 개인위생에 각별히 유의한다.

3. 내포장 후 일반제조 공정

내포장 후 일반제조공정이란 포장된 상태로 제품을 취급하는 공정이기 때문에 일반적인 위생관리 수준으로 관리하는 공정을 말한다. 해당 공정 중 금속검출공정은 원재료와 부재료에서 유래될 수 있거나 제조공정 중에 혼입될 수 있는 금속이물을 관리하기 위한 중요관리지점(CCP2)에 해당한다.

(5) 개인위생 점검하기

1. 위생복 작용지침서에 따라 위생복을 착용할 수 있다.
2. 두발, 손톱, 손을 청결하게 할 수 있다.
3. 목걸이, 반지, 귀걸이, 시계를 착용하지 않고 작업할 수 있다.

(6) 작업환경 점검하기

1. 작업실 바닥을 수분이 없이 청결하게 할 수 있다.
2. 작업대를 청결하게 할 수 있다.
3. 작업실 창문의 청결상태를 점검할 수 있다.

(7) 기기·도구 점검하기

1. 작업지시서에 따라 사용할 믹서를 청결히 준비할 수 있다.
2. 작업지시서에 따라 사용할 도구를 준비할 수 있다.
3. 작업지시서에 따라 사용할 팬을 준비할 수 있다.
4. 작업지시서에 따라 오븐을 예열할 수 있다.

제과기능사

케이크류

구움과자류

타르트&파이류

버터스펀지 케이크(공립법)

1 배합표

비율(%)	재료명	무게(g)
100	박력분	500
120	설탕	600
180	달걀	900
1	소금	5(4)
0.5	바닐라향	2.5(2)
20	버터	100
421.5	계	2,107.5 (2,106)

2 요구사항 (1시간 50분)

※ **버터스펀지 케이크(공립법)를 제조하여 제출하시오.**

① 배합표의 각 재료를 계량하여 재료별로 진열하시오(6분).
- 재료계량(재료당 1분) → [감독위원 계량확인] → 작품제조 및 정리정돈(전체시험시간−재료계량시간)
- 재료계량 시간내에 계량을 완료하지 못하여 시간이 초과된 경우 및 계량을 잘못한 경우는 추가의 시간 부여 없이 작품제조 및 정리정돈 시간을 활용하여 요구사항의 무게대로 계량
- 달걀의 계량은 감독위원이 지정하는 개수로 계량

② 반죽은 공립법으로 제조하시오.

③ 반죽온도는 25℃를 표준으로 하시오.

④ 반죽의 비중을 측정하시오.

⑤ 제시한 팬에 알맞도록 분할하시오.

⑥ 반죽은 전량을 사용하여 성형하시오.

제조 공정

1. 반죽
제법: 공립법, 반죽온도: 25℃, 비중: 0.50±0.05
· 달걀을 볼에 넣고 골고루 풀어 준다.
· 설탕, 소금을 넣고 저속으로 섞다가 설탕이 녹으면 중속으로 휘핑한다.
· 고속으로 80%까지 휘핑한 후 중속으로 100%까지 휘핑한다.
· 바닐라향을 넣고 저속으로 균일하게 섞고 체질한 박력분을 넣고 고무주걱을 사용하여 가볍게 섞는다.
· 60℃로 중탕한 버터를 넣고 가볍게 혼합한다.
· 반죽온도와 비중을 체크한다.

2. 패닝(생산수량: 3호, 원형팬 4개)
· 제시된 팬에 유산지를 팬높이보다 0.3cm 올라오도록 재단하여 준비한다.
· 반죽을 골고루 담은 후 고무주걱으로 팬을 돌려가며 기포를 제거하고 윗면이 평평하도록 패닝한다.

3. 굽기
온도: 175/160℃, 시간: 25분

합격 포인트

① 실온이 낮은 겨울에는 더운믹싱법으로 제조하는 것이 기포성이 좋다. 달걀을 풀어 준 후 설탕, 소금을 고르게 섞고 43℃로 중탕하여 고속으로 80%, 중속으로 100%까지 휘핑한다.
② 용해버터에 일부 반죽을 덜어서 섞은 후 전체 반죽에 넣으면 좀 더 가볍게 혼합할 수 있다.
③ 가루재료를 넣자마자 뭉치지 않도록 신속히 들어서 흩뜨려 준다.
④ 패닝할 때 비중이 점점 무거워지므로 마지막 반죽은 가능한 한 틀에 부어주는 것이 좋지만 양을 맞추기 위해 추가할 때는 얼룩이 지지 않도록 살짝 휘저어 준다.

02 버터스펀지 케이크(별립법)

1 배합표

비율(%)	재료명	무게(g)
100	박력분	600
60	설탕(A)	360
60	설탕(B)	360
150	달걀	900
1.5	소금	9(8)
1	베이킹파우더	6
0.5	바닐라향	3(2)
25	용해버터	150
398	계	2,388 (2,386)

2 요구사항 (1시간 50분)

※ 버터스펀지 케이크(별립법)를 제조하여 제출하시오.

① 배합표의 각 재료를 계량하여 재료별로 진열하시오(8분).
  - 재료계량(재료당 1분) → [감독위원 계량확인] → 작품제조 및 정리정돈(전체시험시간-재료계량시간)
  - 재료계량 시간내에 계량을 완료하지 못하여 시간이 초과된 경우 및 계량을 잘못한 경우는 추가의 시간 부여 없이 작품제조 및 정리정돈 시간을 활용하여 요구사항의 무게대로 계량
  - 달걀의 계량은 감독위원이 지정하는 개수로 계량

② 반죽은 별립법으로 제조하시오.

③ 반죽온도는 23℃를 표준으로 하시오.

④ 반죽의 비중을 측정하시오.

⑤ 제시한 팬에 알맞도록 분할하시오.

⑥ 반죽은 전량을 사용하여 성형하시오.

제조 공정

1. 반죽
제법: 별립법, 반죽온도: 23℃, 비중: 0.55±0.05
· 흰자에 노른자가 섞이지 않도록 주의하여 흰자와 노른자를 분리한다.
· 노른자를 풀어준 후 소금, 설탕(A)를 넣고 연노란색이 될 때까지 휘핑한 후 바닐라 향을 넣고 섞는다.
· 기름기 없는 볼에 흰자를 넣고 풀어준 후 설탕(B)를 넣으며 80~90%의 머랭을 만든다.
· 노른자반죽에 흰자머랭을 1/3넣고 가볍게 섞은 후 체질한 박력분, 베이킹파우더를 넣고 가볍게 섞는다.
· 60℃로 중탕한 버터를 넣고 섞은 후 나머지 머랭을 세 번에 나누어 반죽이 꺼지지 않도록 가볍게 섞으면서 반죽을 완성한다.
· 반죽의 온도와 비중을 체크한다.

2. 패닝(생산수량: 3호, 원형팬 4개)
· 팬에 유산지를 팬높이보다 0.3cm 올라오도록 재단하여 준비한다.
· 반죽을 골고루 담은 후 고무주걱으로 팬을 돌려가며 윗면을 평평하게 만들어 패닝한다.

3. 굽기
온도: 180/160℃, 시간: 25~30분

합격 포인트

① 달걀을 분리할 때 흰자에 노른자가 들어가지 않도록 주의해야 하지만 노른자에는 흰자를 조금 넣으면 휘핑하기가 쉽고 공기혼입이 잘 된다.
② 머랭을 만들 때 믹서볼이나 휘퍼에 기름기가 없는지 꼭 점검한다.
③ 머랭을 나누어 섞을 때 전에 넣은 머랭이 반죽에 다 섞이기 전에 연달아 가볍게 섞는다.
④ 버터는 넣는 시기를 놓치지 않도록 미리 중탕하여 60~70℃의 온도를 유지한다.

03 시퐁 케이크(시퐁법)

1 배합표

비율(%)	재료명	무게(g)
100	박력분	400
65	설탕(A)	260
65	설탕(B)	260
150	달걀	600
1.5	소금	6
2.5	베이킹파우더	10
40	식용유	160
30	물	120
454	계	1,816

2 요구사항 (1시간 40분)

※ 시퐁 케이크(시퐁법)를 제조하여 제출하시오.

① 배합표의 각 재료를 계량하여 재료별로 진열하시오(8분).
- 재료계량(재료당 1분) → [감독위원 계량확인] → 작품제조 및 정리정돈(전체시험시간−재료계량시간)
- 재료계량 시간내에 계량을 완료하지 못하여 시간이 초과된 경우 및 계량을 잘못한 경우는 추가의 시간 부여 없이 작품제조 및 정리정돈 시간을 활용하여 요구사항의 무게대로 계량
- 달걀의 계량은 감독위원이 지정하는 개수로 계량

② 반죽은 시퐁법으로 제조하고 비중을 측정하시오.

③ 반죽온도는 23℃를 표준으로 하시오.

④ 시퐁팬을 사용하여 반죽을 분할하고 구우시오.

⑤ 반죽은 전량을 사용하여 성형하시오.

제조 공정

1. 반죽

제법: 시퐁법, 반죽온도: 23℃, 비중: 0.45±0.05

· 흰자에 노른자가 섞이지 않도록 흰자와 노른자를 분리한다.
· 볼에 노른자와 식용유를 넣고 거품기로 균일하게 섞은 후 물을 넣고 섞는다.
· 박력분과 베이킹파우더를 체질하여 볼에 넣은 후 설탕(A)와 소금을 넣고 골고루 섞는다.
· 설탕과 소금이 용해될 때까지 섞어 노른자반죽을 완성한다.
· 기름기 없는 볼에 흰자를 넣고 60% 정도의 거품을 만든 후 설탕(B)를 넣고 90% 정도의 머랭을 만든다.
· 머랭반죽을 노른자반죽에 3~4번 나누어 넣으면서 머랭이 꺼지지 않도록 신속하고 가볍게 섞는다.

2. 패닝(생산수량: 5개)

· 시퐁팬 안쪽에 분무기로 물을 골고루 뿌린 다음 물기가 빠지도록 엎어 놓는다.
· 팬 바닥에 공기층이 생기지 않도록 주의하며 반죽을 팬 부피의 60% 정도 채운다.
· 나무젓가락을 이용하여 반죽을 휘저어 거친 기포를 빼낸다.

3. 굽기

온도: 175/150℃, 시간: 25~30분

4. 마무리

· 굽기 후 시퐁팬을 뒤집어 5~10분간 식힌 후 팬에서 반죽을 분리한다.

합격 포인트

① 반죽온도를 맞추기 위해 물, 식용유 등 액체재료의 온도를 조절하여 넣는다.
② 패닝할 때 공기가 들어가지 않도록 주의하며 젓가락으로 바닥까지 닿도록 휘저어 반죽 속의 큰 공기를 정리한다.
③ 평철판에 얹어서 굽기 시 밑불을 180℃로 한다.
④ 뒤집어서 냉각하고 찬물에 적신 행주를 덮어 단기간에 식혀서 빼낼 수 있도록 한다.

04 젤리롤 케이크

1 배합표

비율(%)	재료명	무게(g)
100	박력분	400
130	설탕	520
170	달걀	680
2	소금	8
8	물엿	32
0.5	베이킹파우더	2
20	우유	80
1	바닐라향	4
431.5	계	1,726

-충전물- ※ 계량시간에서 제외

50	잼	200

2 요구사항 (1시간 30분)

※ 젤리롤 케이크를 제조하여 제출하시오.

① 배합표의 각 재료를 계량하여 재료별로 진열하시오(8분).
- 재료계량(재료당 1분) → [감독위원 계량확인] → 작품제조 및 정리정돈(전체시험시간−재료계량시간)
- 재료계량 시간내에 계량을 완료하지 못하여 시간이 초과된 경우 및 계량을 잘못한 경우는 추가의 시간 부여 없이 작품제조 및 정리정돈 시간을 활용하여 요구사항의 무게대로 계량
- 달걀의 계량은 감독위원이 지정하는 개수로 계량

② 반죽은 공립법으로 제조하시오.

③ 반죽온도는 23℃를 표준으로 하시오.

④ 반죽의 비중을 측정하시오.

⑤ 제시한 팬에 알맞도록 분할하시오.

⑥ 반죽은 전량을 사용하여 성형하시오.

⑦ 캐러멜색소를 이용하여 무늬를 완성하시오(무늬를 완성하지 않으면 제품 껍질 평가 0점 처리).

제조 공정

1. 반죽
제법: 공립법, 반죽온도: 23℃, 비중: 0.45±0.05
- 달걀을 볼에 넣고 골고루 풀어 준다.
- 설탕, 소금, 물엿을 넣고 저속으로 섞다가 설탕과 물엿이 녹으면 중속으로 휘핑한다.
- 고속으로 90%까지 휘핑한 후 중속으로 반죽을 고르게 만든다.
- 바닐라향을 넣고 저속으로 균일하게 섞고 체질한 박력분, 베이킹파우더를 넣고 고무주걱을 사용하여 가볍게 섞는다.
- 우유를 23℃로 중탕한 후 반죽에 섞어 되기를 조절한다.
- 반죽온도와 비중을 체크한다.

2. 패닝
- 평철판에 유산지를 깔고 반죽을 소량만 남겨둔 후 부어 준다.
- 플라스틱 스크래퍼를 이용하여 반죽을 모서리 방향으로 펼쳐 윗면을 평평하게 고른다.
- 남겨둔 반죽에 캐러멜색소를 혼합하여 갈색을 만든다.
- 유산지나 비닐 짤주머니에 반죽을 담고 패닝한 반죽의 표면에 일정한 간격을 유지하며 철판의 좁은 방향으로 지그재그로 짜 내려간다.
- 넓은 방향으로 철판을 돌려 젓가락이나 이쑤시개를 이용하여 일정한 간격을 유지하며 지그재그로 무늬를 완성한다.

3. 굽기
온도: 175/160℃, 시간: 18~20분

4. 마무리
- 작업대에 분무하여 면보를 깔아준 후 무늬가 있는 부분이 밑으로 가도록 엎어 준다.
- 고무주걱 또는 플라스틱 스크래퍼를 이용하여 잼을 골고루 바른다.
- 표면이 터지지 않고 주름이 생기지 않도록 홍두깨로 면보를 말아 당기며 김밥 말 듯 만다.

합격 포인트

① 실내온도가 낮은 겨울에는 달걀에 설탕, 소금, 물엿을 넣어 43℃로 중탕한 후 휘핑하는 것이 좋으며, 휘퍼에 의한 자국이 5~7초 정도 살아있는 거품 상태가 좋다.

② 본 반죽 50g에 캐러멜색소 6g을 넣고 갈색으로 색을 조절하며 비닐 짤주머니에 담아 0.3cm 두께로 짜내려간다. 무늬의 간격은 넓은 것보다 좁은 것이 좋다.

③ 무늬용 반죽에 캐러멜색소 혼합 시 가볍게 섞어야 본 반죽에 그렸을 때 가라앉지 않으며, 젓가락이 바닥에 닿으면 검은 반점이 생기므로 닿지 않도록 주의한다.

④ 오븐에서 꺼내어 바로 말 수 있도록 준비를 해놓고 뜨거울 때 말아야 터지지 않으며, 말기 시작하는 부분 1~2cm 정도 지점에 자국을 내어 부드럽게 한 후 말면 쉽다.

05

소프트롤 케이크

1 배합표

비율(%)	재료명	무게(g)
100	박력분	250
70	설탕(A)	175(176)
10	물엿	25(26)
1	소금	2.5(2)
20	물	50
1	바닐라향	2.5(2)
60	설탕(B)	150
280	달걀	700
1	베이킹파우더	2.5(2)
50	식용유	125(126)
593	계	1,482.5 (1484)

－충전물－   ※ 계량시간에서 제외

80	잼	200

2 요구사항 (1시간 50분)

※ 소프트롤 케이크를 제조하여 제출하시오.

① 배합표의 각 재료를 계량하여 재료별로 진열하시오(10분).
 • 재료계량(재료당 1분) → [감독위원 계량확인] → 작품제조 및 정리정돈(전체시험시간-재료계량시간)
 • 재료계량 시간내에 계량을 완료하지 못하여 시간이 초과된 경우 및 계량을 잘못한 경우는 추가의 시간 부여 없이 작품제조 및 정리정돈 시간을 활용하여 요구사항의 무게대로 계량
 • 달걀의 계량은 감독위원이 지정하는 개수로 계량

② 반죽은 별립법으로 제조하시오.

③ 반죽온도는 22℃를 표준으로 하시오.

④ 반죽의 비중을 측정하시오.

⑤ 제시한 팬에 알맞도록 분할하시오.

⑥ 반죽은 전량을 사용하여 성형하시오.

⑦ 캐러멜색소를 이용하여 무늬를 완성하시오(무늬를 완성하지 않으면 제품 껍질 평가 0점 처리).

제조 공정

1. 반죽
제법: 별립법, 반죽온도: 22℃, 비중: 0.45±0.05
· 흰자에 노른자가 섞이지 않도록 주의하여 흰자와 노른자를 분리한다.
· 노른자를 풀어준 후 소금, 설탕(A), 물엿을 넣고 연노란색이 될 때까지 휘핑한 후 바닐라향과 물을 넣고 섞는다.
· 기름기 없는 볼에 흰자를 넣고 풀어준 후 설탕(B)를 넣으며 80~90%의 머랭을 만든다.
· 노른자반죽에 흰자머랭을 1/3넣고 가볍게 섞은 후 체질한 박력분, 베이킹파우더를 넣고 가볍게 섞는다.
· 식용유를 넣고 고루 섞고 머랭을 세 번에 나누어 반죽이 꺼지지 않도록 섞으면서 반죽을 완성한다.
· 반죽온도와 비중을 체크한다.

2. 패닝
· 평철판에 유산지를 깔고 반죽을 소량만 남겨둔 후 부어 준다.
· 플라스틱 스크래퍼를 이용하여 반죽을 모서리 방향으로 펼쳐 윗면을 평평하게 고른다.
· 남겨둔 반죽에 캐러멜색소를 혼합하여 갈색을 만든다.
· 유산지나 비닐 짤주머니에 반죽을 담고 패닝한 반죽의 표면에 일정한 간격을 유지하며 철판의 좁은 방향으로 지그재그로 짜 내려간다.
· 철판의 넓은 방향으로 철판을 돌려 젓가락이나 이쑤시개를 이용하여 일정한 간격을 유지하며 지그재그로 무늬를 완성한다.

3. 굽기
온도: 180/160℃, 시간: 15~20분

4. 마무리
· 작업대에 분무하여 면보를 깔아준 후 무늬가 있는 부분이 밑으로 가도록 엎어 준다.
· 고무주걱 또는 플라스틱 스크래퍼를 이용하여 잼을 골고루 바른다.
· 표면이 터지지 않고 주름이 생기지 않도록 홍두깨로 면보를 말아 당기며 김밥 말 듯 만다.

합격 포인트.

① 노른자는 수분과 고형분이 반반이므로 흰자를 조금 넣고 믹싱하면 수월하며 반죽온도를 맞추기 위해 계절에 따라 물이나 식용유 등 액체재료의 온도를 조절하여 넣는다.
② 굽기 완료 후 유산지에 물을 분무하여 물이 스며들면 유산지를 떼어낸다.
③ 말리는 시작부분의 1~2cm 정도 지점에 고무주걱으로 눌러 길게 자국을 내주면 잘 구부러져서 말기가 쉽다.
④ 소프트롤은 조직이 부드러워 지나치게 힘을 많이 주면서 말기를 하면 완제품의 부피가 줄어들 수 있다.

06 초코롤 케이크

1 배합표

비율(%)	재료명	무게(g)
100	박력분	168
285	달걀	480
128	설탕	216
21	코코아파우더	36
1	베이킹소다	2
7	물	12
17	우유	30
559	계	944

-충전물- ※ 계량시간에서 제외

119	다크커버춰어	200
119	생크림	200
12	럼	20

2 요구사항 (1시간 50분)

※ 초코롤 케이크를 제조하여 제출하시오.

① 배합표의 각 재료를 계량하여 재료별로 진열하시오(7분).
 - 재료계량(재료당 1분) → [감독위원 계량확인] → 작품제조 및 정리정돈(전체시험시간-재료계량시간)
 - 재료계량 시간내에 계량을 완료하지 못하여 시간이 초과된 경우 및 계량을 잘못한 경우는 추가의 시간 부여 없이 작품제조 및 정리정돈 시간을 활용하여 요구사항의 무게대로 계량
 - 달걀의 계량은 감독위원이 지정하는 개수로 계량

② 반죽은 공립법으로 제조하시오.

③ 반죽온도는 24℃를 표준으로 하시오.

④ 반죽의 비중을 측정하시오.

⑤ 제시한 철판에 알맞도록 패닝하시오.

⑥ 반죽은 전량을 사용하시오.

⑦ 충전용 재료는 가나슈를 만들어 제품에 전량 사용하시오.

⑧ 시트를 구운 윗면에 가나슈를 바르고, 원형이 잘 유지되도록 말아 제품을 완성하시오(반대 방향으로 롤을 말면 성형 및 제품평가 해당항목 감점).

제조 공정

1. 반죽
제법: 공립법, 반죽온도: 24℃, 비중: 0.40~0.45
· 달걀을 믹싱볼에 넣고 거품기로 골고루 풀어준 후 설탕을 넣고 섞는다.
· 끓는 물에 믹싱볼을 올려 천천히 저어가며 43℃로 중탕한다.
· 중탕한 반죽을 믹싱기에 넣고 고속으로 80~90% 휘핑한다.
· 중속으로 반죽을 100%로 완성하여 기포가 균일하도록 섞는다.
· 체질한 박력분, 코코아파우더, 베이킹소다를 반죽에 넣고 고무주걱으로 가볍게 섞는다.
· 반죽온도가 24℃가 되도록 물과 우유의 온도를 조절하여 반죽에 섞어준 후 비중을 조절한다.
· 반죽온도와 비중을 체크한다.

2. 패닝
· 평철판에 유산지를 깔고 반죽 전량을 넣는다.
· 플라스틱 스크래퍼를 이용하여 반죽을 모서리 방향으로 펼쳐 윗면을 평평하게 고른다.

3. 굽기
온도: 200/150℃, 시간: 10분

4. 충전물 만들기
· 초콜릿을 잘게 자른 후 볼에 담아 준비한다.
· 다른 볼에 생크림을 넣고 버너에 올려 가장자리가 끓어오를 때까지 끓인다.
· 생크림이 끓어오르면 불에서 내린 후 초콜릿을 넣고 주걱으로 섞으면서 초콜릿을 녹인다.
· 럼을 넣고 섞어 마무리한 후 충전물을 식혀 사용하기 좋은 농도로 만든다.

5. 마무리
· 작업대에 분무하여 면보를 깔아준 후 밑면이 위로 가도록 시트를 엎어 준다.
· 고무주걱 또는 플라스틱 스크래퍼를 이용하여 가나슈를 골고루 바른다.
· 표면이 터지지 않고 주름이 생기지 않도록 홍두깨로 면보를 말아 당기며 김밥 말 듯 만든다.

합격 포인트.

① 코코아파우더가 달걀의 기포를 소포시키므로 달걀 거품의 결자국이 선명하게 남는 100%까지 튼튼하게 휘핑한다.
② 굽기 완료 후 유산지에 물을 분무하여 물이 스며들면 유산지를 떼어낸다.
③ 케이크를 식힌 후에 가나슈를 발라야 녹지 않는다.
④ 가나슈 제조 시 생크림을 끓일 때 양이 적으므로 타지 않도록 불 조절에 유의하고 주걱으로 살짝 저어가며 끓인다.
⑤ 가나슈가 너무 묽거나 되지 않도록 찬물 중탕으로 되기를 조절하여 바른다.

흑미롤 케이크

1 배합표

비율(%)	재료명	무게(g)
80	박력쌀가루	240
20	흑미쌀가루	60
100	설탕	300
155	달걀	465
0.8	소금	2.4(2)
0.8	베이킹파우더	2.4(2)
60	우유	180
416.6	계	1,249.8 (1,249)

-충전물-　　　　　　※ 계량시간에서 제외

60	생크림	150

2 요구사항 (1시간 50분)

※ **흑미롤 케이크를 제조하여 제출하시오.**

① 배합표의 각 재료를 계량하여 재료별로 진열하시오(7분).

② 반죽은 공립법으로 제조하시오.

③ 반죽온도는 25℃를 표준으로 하시오.

④ 반죽의 비중을 측정하시오.

⑤ 제시한 팬에 알맞도록 분할하시오.

⑥ 반죽은 전량을 사용하여 성형하시오.
　　(시트의 밑면이 윗면이 되게 정형하시오)

제조 공정

1. 반죽

제법: 공립법, 반죽온도: 25℃, 비중: 0.40~0.45

· 달걀을 믹싱볼에 넣고 거품기로 골고루 풀어준 후 설탕과 소금을 넣고 섞는다.
· 끓는 물에 믹싱볼을 올려 천천히 저어가며 43℃로 중탕한다.
· 중탕한 반죽을 믹싱기에 넣고 고속으로 80~90% 휘핑한다.
· 중속으로 반죽을 100%로 완성하여 기포가 균일하도록 섞는다.
· 체질한 박력쌀가루, 흑미쌀가루, 베이킹파우더를 반죽에 넣고 고무주걱으로 가볍게 섞는다.
· 반죽온도가 25℃가 되도록 우유의 온도를 조절하여 반죽에 넣고 섞어준 후 비중을 조절한다.
· 반죽온도와 비중을 체크한다.

2. 패닝

· 평철판에 유산지를 깔고 반죽 전량을 넣는다.
· 플라스틱 스크래퍼를 이용하여 반죽을 모서리 방향으로 펼쳐 윗면을 평평하게 고른다.

3. 굽기

온도: 185/160℃, 시간: 15분

4. 충전물 만들기

· 생크림을 볼에 넣고 90% 정도 휘핑한다.

5. 마무리

· 작업대에 분무하여 면보를 깔아준 후 밑면이 위로 가도록 시트를 엎어 준다.
· 고무주걱 또는 플라스틱 스크래퍼를 이용하여 생크림을 골고루 바른다.
· 표면이 터지지 않고 주름이 생기지 않도록 홍두깨로 면보를 말아 당기며 김밥 말 듯 만다.

합격 포인트

① 우유의 양이 많아 비중이 무거워질 수 있으므로 달걀의 거품은 결자국이 선명하게 남는 100%까지 튼튼하게 휘핑하여 가벼운 반죽이 되게 한다.
② 가루재료를 넣고 뭉치기 전에 신속히 털어준 후 가볍게 섞는다.
③ 우유의 온도를 조절한 후 반죽의 일부를 덜어 애벌반죽을 만든 후 부어 가볍게 섞는다.
④ 굽기 완료 후 유산지에 물을 분무하여 물이 스며들면 유산지를 떼어낸다.
⑤ 케이크를 식힌 후 생크림을 발라야 녹지 않는다.
⑥ 충전하는 생크림은 말 때 밀리지 않도록 90% 정도로 충분히 휘핑하여 바른다.

08 치즈 케이크

1 배합표

비율(%)	재료명	무게(g)
100	중력분	80
100	버터	80
100	설탕(A)	80
100	설탕(B)	80
300	달걀	240
500	크림치즈	400
162.5	우유	130
12.5	럼주	10
25	레몬주스	20
1,400	계	1,120

2 요구사항 (2시간 30분)

※ 치즈 케이크를 제조하여 제출하시오.

① 배합표의 각 재료를 계량하여 재료별로 진열하시오(9분).
  - 재료계량(재료당 1분) → [감독위원 계량확인] → 작품제조 및 정리정돈(전체시험시간−재료계량시간)
  - 재료계량 시간내에 계량을 완료하지 못하여 시간이 초과된 경우 및 계량을 잘못한 경우는 추가의 시간 부여 없이 작품제조 및 정리정돈 시간을 활용하여 요구사항의 무게대로 계량
  - 달걀의 계량은 감독위원이 지정하는 개수로 계량

② 반죽은 별립법으로 제조하시오.

③ 반죽온도는 20℃를 표준으로 하시오.

④ 반죽의 비중을 측정하시오.

⑤ 제시한 팬에 알맞도록 분할하시오.

⑥ 굽기는 중탕으로 하시오.

⑦ 반죽은 전량을 사용하시오.

⑧ 감독위원은 시험 전 주어진 팬을 감안하여 팬의 개수를 지정하여 공지한다.

제조 공정

1. 반죽

제법: 별립법, 반죽온도: 20℃, 비중: 0.65~0.7

· 볼에 실온화한 크림치즈를 넣고 부드러운 상태로 풀어 준다.
· 포마드 상태의 버터와 레몬주스를 넣고 균일하게 혼합하여 준비한다.
· 흰자에 노른자가 섞이지 않도록 주의하여 흰자와 노른자를 분리한다.
· 노른자를 거품기로 풀어 준 후 설탕(A)를 넣고 균일하게 혼합한 후 럼을 넣어 섞는다.
· 체질한 중력분을 넣고 거품기로 가볍게 섞은 후 우유를 넣고 섞는다.
· 크림치즈가 있는 볼에 노른자반죽을 붓고 몽우리가 풀릴 때까지 잘 섞는다.
· 기름기 없는 볼에 흰자를 넣고 60% 정도 거품을 내다 설탕(B)를 넣고 70%의 머랭 거품을 만들어 준다.
· 완성된 머랭을 기존 반죽에 3번에 나누어 넣으면서 고무주걱으로 가볍게 섞어 완성한다.

2. 패닝(생산수량: 윗지름 7.5cm, 높이 4cm 정도의 팬)

· 지정된 팬에 용해 쇼트닝을 바르고 설탕을 묻혀 준비한다.
· 비커에 반죽을 담아 팬에 패닝한 후 바닥에 가볍게 쳐 공기를 빼준다.
· 평철판에 치즈 케이크 팬을 올리고 팬 높이의 1/3 정도 따뜻한 물을 부어 준다.

3. 굽기

온도: 200/150℃ → 15분 후 오븐의 공기구멍을 열고 윗면에 갈색이 나면 비스듬히 문을 열어 150/150℃, 시간: 35~40분

합격 포인트

① 제조를 시작하기 전에 재료들의 전처리 및 준비를 미리 해놓으면 진행이 순조롭다.

② 크림치즈는 믹싱하기 쉽도록 살짝 중탕하여 실온의 유연한 상태로 만들어야 한다. 손거품기로 지나치게 섞어서 공기가 많이 혼입되면 윗면이 터지는 원인이 된다.

③ 머랭을 손으로 올릴 때는 50% 정도 거품을 낸 후에 설탕을 조금씩 넣으며 휘핑하고 믹서로 올릴 때는 설탕을 모두 넣고 휘핑하면 된다.

④ 패닝 시 반죽을 먼저 반씩 담은 후 조금씩 추가하여 양을 균일하게 담아낸다.

09 파운드 케이크

1 배합표

비율(%)	재료명	무게(g)
100	박력분	800
80	설탕	640
80	버터	640
2	유화제	16
1	소금	8
2	탈지분유	16
0.5	바닐라향	4
2	베이킹파우더	16
80	달걀	640
347.5	계	2,780

2 요구사항 (2시간 30분)

※ 파운드 케이크를 제조하여 제출하시오.

① 배합표의 각 재료를 계량하여 재료별로 진열하시오(9분).
- 재료계량(재료당 1분) → [감독위원 계량확인] → 작품제조 및 정리정돈(전체시험시간-재료계량시간)
- 재료계량 시간내에 계량을 완료하지 못하여 시간이 초과된 경우 및 계량을 잘못한 경우는 추가의 시간 부여 없이 작품제조 및 정리정돈 시간을 활용하여 요구사항의 무게대로 계량
- 달걀의 계량은 감독위원이 지정하는 개수로 계량

② 반죽은 크림법으로 제조하시오.

③ 반죽온도는 23℃를 표준으로 하시오.

④ 반죽의 비중을 측정하시오.

⑤ 윗면을 터뜨리는 제품을 만드시오.

⑥ 반죽은 전량을 사용하여 성형하시오.

제조 공정

1. 반죽

제법: 크림법, 반죽온도: 23℃, 비중: 0.85±0.05

· 볼에 버터를 넣고 부드럽게 풀어준 후 소금, 설탕, 유화제를 넣고 고속으로 섞어 크림화시킨다.
· 달걀을 4번에 나누어 넣으며 부드러운 크림상태를 만들어 준다.
· 바닐라향을 넣고 저속으로 혼합한 후 체질한 박력분과 베이킹파우더, 탈지분유를 넣고 균일하게 섞어 매끄러운 반죽을 만든다.

2. 패닝(생산수량: 파운드팬 4개)

· 파운드팬에 유산지를 팬 높이보다 0.3cm 높게 재단하여 준비한다.
· 팬에 반죽을 부은 후 팬 양쪽 끝부분은 약간 높고 가운데가 오목하게 들어간 형태가 되도록 패닝한다.

3. 굽기

온도: 200/170℃, 시간: 55분

· 윗면에 갈색이 나면 기름 묻힌 커터칼을 이용하여 1cm 깊이로 길게 터뜨린다.
· 평철판에 팬을 담아 식빵팬 3개를 포개어 가운데에 놓고 평철판을 뒤집어 덮은 후 윗불을 150℃로 낮추어 굽는다.

합격 포인트.

① 유지가 단단할 경우 살짝 중탕하여 유연하게 만든 후 설탕을 넣고 믹싱하면 공기혼입이 잘 되어 크림화가 부드럽게 잘 된다.
② 달걀양이 많으므로 4번에 나누어 매회 충분히 믹싱을 하여 분리가 되지 않게 한다.
③ 믹싱 중간에 재료들이 균일하게 섞이도록 볼의 측면과 바닥을 긁어주는 스크랩핑을 한다.
④ 패닝하기 전 팬 안쪽에 반죽을 조금 묻혀 유산지를 고정하여 쓰러지는 일이 없도록 한다.

10 과일 케이크

1 배합표

비율(%)	재료명	무게(g)
100	박력분	500
90	설탕	450
55	마가린	275(276)
100	달걀	500
18	우유	90
1	베이킹파우더	5(4)
1.5	소금	7.5(8)
15	건포도	75(76)
30	체리	150
20	호두	100
13	오렌지필	65(66)
16	럼주	80
0.4	바닐라향	2
459.9	계	2,299.5 (2,300~2,302)

2 요구사항 (2시간 30분)

※ 과일 케이크를 제조하여 제출하시오.

① 배합표의 각 재료를 계량하여 재료별로 진열하시오(13분).
  - 재료계량(재료당 1분) → [감독위원 계량확인] → 작품제조 및 정리정돈(전체시험시간-재료계량시간)
  - 재료계량 시간내에 계량을 완료하지 못하여 시간이 초과된 경우 및 계량을 잘못한 경우는 추가의 시간 부여 없이 작품제조 및 정리정돈 시간을 활용하여 요구사항의 무게대로 계량
  - 달걀의 계량은 감독위원이 지정하는 개수로 계량

② 반죽은 별립법으로 제조하시오.

③ 반죽온도는 23℃를 표준으로 하시오.

④ 제시한 팬에 알맞도록 분할하시오.

⑤ 반죽은 전량을 사용하여 성형하시오.

1. 반죽

제법: 별립법, 반죽온도: 23℃

- 호두분태는 예열된 오븐에 넣어 5분 전후로 전처리하여 준비한다.
- 건포도는 27℃의 물에 담가둔 후 물기를 제거하여 준비하고 체리는 물로 가볍게 씻어 물기를 빼고 8등분으로 자른다.
- 오렌지 필, 체리, 건포도, 호두분태를 럼에 담가 준비한다.
- 흰자에 노른자가 섞이지 않도록 흰자와 노른자를 분리한다.
- 볼에 마가린을 넣고 부드럽게 풀어 준 후 설탕(200g)과 소금을 넣고 크림화한다.
- 노른자를 3번에 나누어 넣으며 부드러운 크림상태를 만든다.
- 바닐라향을 넣고 저속으로 균일하게 섞는다.
- 기름기 없는 볼에 흰자를 넣고 60%의 머랭을 올린 후 남은 설탕을 나누어 넣으며 85~90%의 머랭 거품을 만든다.
- 노른자반죽에 전처리한 과일을 넣고 섞은 후 23℃로 중탕한 우유를 섞는다.
- 노른자반죽에 머랭 1/3을 넣고 꺼지지 않도록 가볍게 섞은 후 체질한 박력분과 베이킹파우더를 넣고 섞는다.
- 나머지 머랭을 3번에 나누어 넣으며 가볍게 섞어 반죽을 완성한다.

2. 패닝(생산수량: 파운드팬 4개)

- 팬에 유산지를 팬 높이보다 0.3cm 높게 재단하여 준비한다.
- 반죽을 나누어 넣은 후 고무주걱을 이용하여 윗면을 평평하게 만든다.

3. 굽기

온도: 170/160℃, 시간: 45분

합격 포인트.

① 전처리한 건과일이 가라앉지 않도록 계량 외 박력분 15g에 버무려 반죽에 넣는다.
② 노른자는 크림법, 흰자는 머랭법으로 제조하는데 수검자가 둘 중 어떤 것을 기계 믹싱을 할지 손믹싱을 할지는 선택한다.
③ 섞는 재료들이 많을 경우 앞 재료가 덜 섞인 상태에서 다음 재료를 넣고 신속하고 가볍게 섞는다.
④ 흰자머랭을 지나치게 많이 올려 반죽의 비중이 가볍게 나오지 않도록 한다.

11 브라우니

1 배합표

비율(%)	재료명	무게(g)
100	중력분	300
120	달걀	360
130	설탕	390
2	소금	6
50	버터	150
150	다크초콜릿 (커버춰)	450
10	코코아파우더	30
2	바닐라향	6
50	호두	150
614	계	1,842

2 요구사항 (1시간 50분)

※ 브라우니를 제조하여 제출하시오.

① 배합표의 각 재료를 계량하여 재료별로 진열하시오(9분).
  - 재료계량(재료당 1분) → [감독위원 계량확인] → 작품제조 및 정리정돈(전체시험시간−재료계량시간)
  - 재료계량 시간내에 계량을 완료하지 못하여 시간이 초과된 경우 및 계량을 잘못한 경우는 추가의 시간 부여 없이 작품제조 및 정리정돈 시간을 활용하여 요구사항의 무게대로 계량
  - 달걀의 계량은 감독위원이 지정하는 개수로 계량

② 브라우니는 수작업으로 반죽하시오.

③ 버터와 초콜릿을 함께 녹여서 넣는 1단계 변형반죽법으로 하시오.

④ 반죽온도는 27℃를 표준으로 하시오.

⑤ 반죽은 전량을 사용하여 성형하시오.

⑥ 3호 원형팬 2개에 패닝하시오.

⑦ 호두의 반은 반죽에 사용하고 나머지 반은 토핑하며, 반죽 속과 윗면에 골고루 분포되게 하시오(호두는 구워서 사용).

제조 공정

1. 반죽

제법: 1단계 변형반죽법, 반죽온도: 27℃

· 반죽을 하기 전 호두분태를 윗불 170℃, 아랫불 160℃의 예열된 오븐에 넣고 약 5분 간 구워 전처리한다.
· 다크초콜릿은 잘게 자른 후 버터와 함께 45℃ 전후로 중탕하여 녹여준다.
· 다른 볼에 달걀을 넣고 거품기로 가볍게 풀어 준다.
· 설탕과 소금을 넣고 균일하게 섞어 달걀반죽을 완성한다.
· 중탕한 초콜릿을 달걀반죽에 넣고 골고루 섞는다.
· 체질한 중력분, 코코아파우더, 바닐라향을 넣고 섞은 후 마지막으로 호두분태 1/2을 넣고 잘 섞어 마무리한다.

2. 패닝(생산수량: 3호 원형팬 2개)

· 제시된 3호 원형팬에 유산지를 팬 높이에서 0.3cm 올라오게 재단하여 준비한다.
· 팬에 반죽을 담아 고무주걱을 이용하여 윗면을 평평하게 정리한 다음 나머지 호두분 태를 올린다.

3. 굽기

온도: 170/160℃, 시간: 40~45분

합격 포인트

① 다크초콜릿과 버터를 녹일 때의 적당한 온도는 45℃ 전후로 지나치게 높아지지 않도록 중탕하는 물을 팔팔 끓이지 않는다.
② 가루재료를 넣고 지나치게 많이 섞으면 글루텐이 생성되어 구울 때 바닥이 올라오는 현상이 일어난다.
③ 껍질의 색으로 굽기완료점을 판단하기 어려우므로 시간을 잘 체크한다. 이쑤시개로 가운데를 찔러보아 반죽이 묻어 나지 않는지 확인하는 것도 좋은 방법이다.
④ 반죽이 되직하여 매끄럽게 정리하는 것은 어렵지만 평평하게는 정리하여야 한다.

12 마데라(컵) 케이크

1 배합표

비율(%)	재료명	무게(g)
100	박력분	400
85	버터	340
80	설탕	320
1	소금	4
85	달걀	340
2.5	베이킹파우더	10
25	건포도	100
10	호두	40
30	적포도주	120
418.5	계	1,674

−충전물− ※ 계량시간에서 제외

20	분당	80
5	적포도주	20

2 요구사항 (2시간)

※ 마데라(컵) 케이크를 제조하여 제출하시오.

① 배합표의 각 재료를 계량하여 재료별로 진열하시오(9분).
- 재료계량(재료당 1분) → [감독위원 계량확인] → 작품제조 및 정리정돈(전체시험시간−재료계량시간)
- 재료계량 시간내에 계량을 완료하지 못하여 시간이 초과된 경우 및 계량을 잘못한 경우는 추가의 시간 부여 없이 작품제조 및 정리정돈 시간을 활용하여 요구사항의 무게대로 계량
- 달걀의 계량은 감독위원이 지정하는 개수로 계량

② 반죽은 크림법으로 제조하시오.

③ 반죽온도는 24℃를 표준으로 하시오.

④ 반죽분할은 주어진 팬에 알맞은 양을 패닝하시오.

⑤ 적포도주 퐁당을 1회 바르시오.

⑥ 반죽은 전량을 사용하여 성형하시오.

⑦ 감독위원은 시험 전 주어진 팬을 감안하여 팬의 개수를 지정하여 공지한다.

제조 공정

1. 반죽

제법: 크림법, 반죽온도: 24℃

· 호두분태는 예열한 오븐에 넣고 5분 전후로 구워 전처리하여 준비한다.
· 건포도는 27℃의 미지근한 물에 담갔다 건져 물기를 제거한다.
· 버터를 볼에 넣고 부드럽게 풀어준 후 소금과 설탕을 넣고 크림상태로 만든다.
· 달걀을 4번에 나누어 넣으면서 믹싱기를 저속부터 중속, 고속까지 순서대로 반복하며 부드러운 크림상태로 만들어 준다.
· 전처리한 호두와 건포도에 계량 외 박력분 10g을 버무려 반죽에 넣는다.
· 체질한 박력분과 베이킹파우더를 넣고 가볍게 섞다 적포도주를 반죽에 섞어 마무리한다.

2. 패닝(생산수량: 20개)

· 머핀팬에 유산지컵을 깔고 반죽을 짤주머니에 담아 70~80% 정도로 짠다.
· 약 20개 정도의 머핀이 나올 수 있도록 적당량 패닝한다.

3. 굽기

온도: 175/170℃, 시간: 25분

· 포도주와 분당을 섞어 굽기가 거의 끝날 무렵 오븐에서 꺼내 제품 윗면에 붓을 이용하여 바르고 다시 오븐에 넣어 수분을 제거한 후 굽기를 완료한다.

합격 포인트

① 유지가 단단할 경우 살짝 중탕하여 유연하게 만든 후 설탕을 넣고 믹싱하면 공기혼입이 잘 되어 크림화가 부드럽게 잘 된다.
② 달걀이 차가우면 분리의 원인이 될 수 있어 온도를 조절하여 쓰고 들어가는 버터보다는 온도가 높지 않게 한다.
③ 계절에 맞게 적포도주의 온도를 조절하여 가루재료가 60~70% 정도 섞였을 때 윗면에 고르게 붓고 마무리하듯이 가볍게 섞어야 기포가 덜 빠진다.
④ 짤주머니를 바닥에 거의 닿도록 하여 짜는 것이 좋으며 반죽을 50%씩 담은 후 남은 반죽을 더 채우듯이 하여 균일한 양이 되도록 한다.

13 초코머핀(초코컵케이크)

1 배합표

비율(%)	재료명	무게(g)
100	박력분	500
60	설탕	300
60	버터	300
60	달걀	300
1	소금	5(4)
0.4	베이킹소다	2
1.6	베이킹파우더	8
12	코코아파우더	60
35	물	175(174)
6	탈지분유	30
36	초코칩	180
372	계	1,860 (1,858)

2 요구사항 (1시간 50분)

※ 초코머핀(초코컵케이크)을 제조하여 제출하시오.

① 배합표의 각 재료를 계량하여 재료별로 진열하시오(11분).
　• 재료계량(재료당 1분) → [감독위원 계량확인] → 작품제조 및 정리정돈(전체시험시간–재료계량시간)
　• 재료계량 시간내에 계량을 완료하지 못하여 시간이 초과된 경우 및 계량을 잘못한 경우는 추가의 시간 부여 없이 작품제조 및 정리정돈 시간을 활용하여 요구사항의 무게대로 계량
　• 달걀의 계량은 감독위원이 지정하는 개수로 계량

② 반죽은 크림법으로 제조하시오.

③ 반죽온도는 24℃를 표준으로 하시오.

④ 초코칩은 제품의 내부에 골고루 분포되게 하시오.

⑤ 반죽분할은 주어진 팬에 알맞은 양으로 패닝하시오.

⑥ 반죽은 전량을 사용하여 성형하시오.

⑦ 감독위원은 시험 전 주어진 팬을 감안하여 팬의 개수를 지정하여 공지한다.

제조 공정

1. 반죽
제법: 크림법, 반죽온도: 24℃
· 믹싱볼에 버터를 넣고 부드럽게 풀어준 후 설탕과 소금을 넣고 크림화한다.
· 달걀을 3번에 나누어 넣으면서 부드러운 크림상태로 만들어 준다.
· 균일하게 혼합한 반죽에 체질한 박력분, 베이킹파우더, 베이킹소다, 코코아파우더, 탈지분유를 넣고 가루재료를 60% 정도 섞는다.
· 물을 넣고 가볍게 휘저어 섞은 후 초코칩을 넣고 섞어 마무리한다.

2. 패닝(생산수량: 24개)
· 머핀팬에 유산지컵을 깔고 반죽을 짤주머니에 담아 70~80% 정도로 짠다.
· 약 24개 정도의 머핀이 나올 수 있도록 적당량 패닝한다.

3. 굽기
온도: 175/170℃, 시간: 25분

합격 포인트

① 버터가 단단하면 살짝 중탕하여 유연하게 만든 후 설탕을 넣어야 크림화가 잘 된다.

② 달걀양이 많으므로 분리가 나지 않도록 나누어 매번 충분히 믹싱하며, 가루재료가 다 섞이기 전에 물, 초코칩 순으로 넣어 마무리하듯이 가볍게 섞는다.

③ 짤주머니를 바닥에 거의 닿도록 하여 짜는 것이 좋으며 반죽을 50%씩 담은 후 남은 반죽을 더 채우듯이 하여 균일한 양이 되도록 한다.

④ 굽기 시 윗면에 생기는 크랙부분에 착색이 되었는지 확인하고 완료한다.

14 버터 쿠키

1 배합표

비율(%)	재료명	무게(g)
100	박력분	400
70	버터	280
50	설탕	200
1	소금	4
30	달걀	120
0.5	바닐라향	2
251.5	계	1,006

2 요구사항 (2시간)

※ 버터 쿠키를 제조하여 제출하시오.

① 배합표의 각 재료를 계량하여 재료별로 진열하시오(6분).
- 재료계량(재료당 1분) → [감독위원 계량확인] → 작품제조 및 정리정돈(전체시험시간−재료계량시간)
- 재료계량 시간내에 계량을 완료하지 못하여 시간이 초과된 경우 및 계량을 잘못한 경우는 추가의 시간 부여 없이 작품제조 및 정리정돈 시간을 활용하여 요구사항의 무게대로 계량
- 달걀의 계량은 감독위원이 지정하는 개수로 계량

② 반죽은 크림법으로 수작업 하시오.

③ 반죽온도는 22℃를 표준으로 하시오.

④ 별모양깍지를 끼운 짤주머니를 사용하여 2가지 모양짜기를 하시오(8자, 장미모양).

⑤ 반죽은 전량을 사용하여 성형하시오.

제조 공정

1. 반죽

제법: 크림법, 반죽온도: 22℃
· 버터를 볼에 넣고 거품기를 이용하여 부드럽게 풀어 준다.
· 설탕과 소금을 넣고 거품기를 이용하여 크림화한다.
· 달걀을 한 개씩 넣으면서 부드러운 크림상태로 만든 후 바닐라향을 넣고 섞는다.
· 체질한 박력분을 넣고 주걱을 이용하여 자르듯이 가볍게 섞는다.

2. 패닝(생산수량: 평철판 4개)

· 짤주머니에 별모양깍지를 끼운 후 반죽을 담는다.
· 평철판에 좌우 2.5~3cm 간격을 맞추어 두께를 1cm 정도 고르게 유지하며 8자와 장미모양 짜기를 한다.

3. 휴지

· 버터 쿠키의 결이 잘 나타날 수 있게 실온에서 10분간 표면을 건조시킨다.

4. 굽기

온도: 200/120℃, 시간: 12~14분

합격 포인트

① 유지가 단단할 경우 살짝 중탕하여 유연하게 만든 후 설탕을 넣고 믹싱하면 공기혼입이 잘 되어 크림화가 부드럽게 잘 된다.
② 가루재료를 넣고 안보일 만큼만 가볍게 섞어야 부드러운 식감의 쿠키가 만들어진다.
③ 반죽을 짤 때 짤주머니의 수직 수평을 유지하여 전체적인 두께가 균일하게 1cm가 되게 하여 완제품에 고른 색상이 나도록 한다.
④ 짤주머니에 반죽을 1주걱씩만 담아야 짜기가 쉽고 엇갈리게 짠다.

15 쇼트브레드 쿠키

1 배합표

비율(%)	재료명	무게(g)
100	박력분	500
33	마가린	165(166)
33	쇼트닝	165(166)
35	설탕	175(176)
1	소금	5(6)
5	물엿	25(26)
10	달걀	50
10	노른자	50
0.5	바닐라향	2.5(2)
227.5	계	1,137.5 (1,142)

2 요구사항 (2시간)

※ 쇼트브레드 쿠키를 제조하여 제출하시오.

① 배합표의 각 재료를 계량하여 재료별로 진열하시오(9분).
- 재료계량(재료당 1분) → [감독위원 계량확인] → 작품제조 및 정리정돈(전체시험시간−재료계량시간)
- 재료계량 시간내에 계량을 완료하지 못하여 시간이 초과된 경우 및 계량을 잘못한 경우는 추가의 시간 부여 없이 작품제조 및 정리정돈 시간을 활용하여 요구사항의 무게대로 계량
- 달걀의 계량은 감독위원이 지정하는 개수로 계량

② 반죽은 수작업으로 하여 크림법으로 제조하시오.

③ 반죽온도는 20℃를 표준으로 하시오.

④ 제시한 정형기를 사용하여 두께 0.7~0.8cm, 지름 5~6cm(정형기에 따라 가감) 정도로 정형하시오.

⑤ 제시한 2개의 팬에 전량 성형하시오.(단, 시험장 팬의 크기에 따라 감독위원이 별도로 지정할 수 있다.)

⑥ 달걀노른자칠을 하여 무늬를 만드시오.
- 달걀은 총 7개를 사용하여, 달걀 크기에 따라 감독 위원이 가감하여 지정할 수 있다.
  ㉠ 배합표 반죽용 4개(달걀 1개+노른사용 날살 3개)
  ㉡ 달걀 노른자칠용 달걀 3개

제조 공정

1. 반죽
제법: 크림법, 반죽온도: 20℃
· 버터와 쇼트닝을 부드럽게 풀어 준다.
· 설탕, 물엿, 소금을 넣고 부드러운 크림상태로 만든다.
· 노른자와 달걀을 조금씩 넣으면서 휘핑하여 부드럽고 매끈한 크림을 만든다.
· 바닐라향을 넣어 균일하게 섞는다.
· 체질한 박력분을 반죽에 넣고 주걱을 이용하여 자르듯이 가볍게 섞는다.

2. 휴지
· 완성된 반죽을 비닐 씌워 냉장고에 넣고 30분간 휴지시킨다.
· 반죽을 손가락으로 살짝 눌러 자국이 그대로 남으면 휴지를 끝낸다.

3. 밀어펴기 및 성형
· 덧가루를 뿌린 작업대 위에서 반죽을 매끄럽게 치댄 후 밀대를 이용하여 두께 0.7~0.8cm로 균일하게 밀어 편다.
· 시험장에서 제시하는 정형기를 사용하여 반죽을 찍어낸다.

4. 패닝(생산수량: 평철판 2판)
· 평철판에 찍어 낸 반죽이 변형되지 않도록 적당한 간격을 두고 패닝한다.
· 윗면에 붓을 이용하여 노른자를 총 2회 바르고 포크를 이용하여 무늬를 낸다.

5. 굽기
온도: 190/130℃, 시간: 10~12분

합격 포인트

① 휴지 완료 후 손에 달라붙지 않을 만큼 매끄럽게 치대어 성형하면 굽기 시 많이 퍼지지 않는 선명한 모양의 쿠키를 만들 수 있다.
② 작업대에서 밀어펴기가 어려우면 면보나 비닐 위에서 작업하면 덧가루도 최소화할 수 있고 수월하다.
③ 자투리반죽을 최소화하면서 찍어내고 남는 반죽은 새 반죽과 함께 섞어가며 작업한다.
④ 바르기용 노른자는 체에 걸러서 흐르지 않도록 균일하게 바른 후 포크 뒷면으로 노른자만 긁어내듯이 무늬를 그린다.

16 다쿠와즈

1 배합표

비율(%)	재료명	무게(g)
100	달걀흰자	325(326)
30	설탕	100
60	아몬드분말	200
50	분당	165(166)
16	박력분	50
256	계	840(842)

-충전물-   ※ 계량시간에서 제외

90	버터크림 (샌드용)	225(226)

2 요구사항 (1시간 50분)

※ 다쿠와즈를 제조하여 제출하시오.

① 배합표의 각 재료를 계량하여 재료별로 진열하시오(5분).
  - 재료계량(재료당 1분) → [감독위원 계량확인] → 작품제조 및 정리정돈(전체시험시간-재료계량시간)
  - 재료계량 시간내에 계량을 완료하지 못하여 시간이 초과된 경우 및 계량을 잘못한 경우는 추가의 시간 부여 없이 작품제조 및 정리정돈 시간을 활용하여 요구사항의 무게대로 계량
  - 달걀의 계량은 감독위원이 지정하는 개수로 계량

② 머랭을 사용하는 반죽을 만드시오.

③ 표피가 갈라지는 다쿠와즈를 만드시오.

④ 다쿠와즈 2개를 크림으로 샌드하여 1조의 제품으로 완성하시오.

⑤ 반죽은 전량을 사용하여 성형하시오.

1. 반죽
제법: 머랭법, 반죽온도: 22℃
· 아몬드분말, 분당, 박력분을 체질하여 준비한다.
· 깨끗한 볼에 흰자를 넣고 휘핑하여 60% 정도의 거품을 만든 후 설탕을 조금씩 넣으면서 100%의 흰자머랭을 만든다.
· 머랭에 체질한 가루재료를 넣고 고무주걱을 이용하여 가볍게 섞는다.

2. 패닝(생산수량: 2판)
· 평철판에 실리콘페이퍼 또는 유산지를 깐 후 다쿠와즈팬을 올린다.
· 짤주머니에 1cm의 원형깍지를 끼운 후 반죽을 담아 준비한다.
· 다쿠와즈팬 중앙에 반죽이 조금 넘치도록 짠다.
· 플라스틱 스크래퍼를 이용하여 다쿠와즈팬 윗면의 반죽을 고르게 펴 다쿠와즈팬에 반죽이 가득 채워지도록 한다.
· 다쿠와즈팬의 가장자리를 잡고 조심히 들어 뺀다.

3. 굽기
온도: 180/140℃, 시간: 15~20분

4. 마무리
· 구워진 다쿠와즈를 냉각시킨 후 실리콘페이퍼에서 떼어낸다. 유산지에 패닝한 경우, 뒷면에 물칠을 한 후 적당히 적셔 떼어낸다.

합격 포인트

① 머랭을 수작업으로 할 때는 60% 정도 올린 후 설탕을 조금씩 나누어 휘핑하고 기계로 할 때는 처음부터 설탕을 넣고 작업하는 것이 좋다.
② 100% 휘핑한 머랭에 가루재료를 넣고 가볍게 혼합하여 반죽이 묽어지지 않도록 한다.
③ 짤주머니에 반죽을 담아 신속하게 짜내야 손바닥 열에 의해 반죽이 묽어지지 않는다.
④ 분당을 2회 뿌렸을 때 다 흡수되지 않고 살짝 남아있는 정도가 적당하다.

17 마드레느

1 배합표

비율(%)	재료명	무게(g)
100	박력분	400
2	베이킹파우더	8
100	설탕	400
100	달걀	400
1	레몬껍질	4
0.5	소금	2
100	버터	400
403.5	계	1,614

2 요구사항 (1시간 50분)

※ 마드레느를 제조하여 제출하시오.

① 배합표의 각 재료를 계량하여 재료별로 진열하시오(7분).
  - 재료계량(재료당 1분) → [감독위원 계량확인] → 작품제조 및 정리정돈(전체시험시간−재료계량시간)
  - 재료계량 시간내에 계량을 완료하지 못하여 시간이 초과된 경우 및 계량을 잘못한 경우는 추가의 시간 부여 없이 작품제조 및 정리정돈 시간을 활용하여 요구사항의 무게대로 계량
  - 달걀의 계량은 감독위원이 지정하는 개수로 계량

② 마드레느는 수작업으로 하시오.

③ 버터를 녹여서 넣는 1단계법(변형) 반죽법을 사용하시오.

④ 반죽온도는 24℃를 표준으로 하시오.

⑤ 실온에서 휴지 시키시오.

⑥ 제시된 팬에 알맞은 반죽량을 넣으시오.

⑦ 반죽은 전량을 사용하여 성형하시오.

제조 공정

1. 반죽

제법: 1단계변형법, 반죽온도: 24℃

· 레몬을 깨끗하게 세척한 후 껍질의 노란 부분만 도려내어 잘게 다지거나 강판에 갈
  아 준비한다.
· 박력분과 베이킹파우더를 체질하여 볼에 넣어 준비한다.
· 설탕을 넣고 거품기를 이용하여 균일하게 섞어준 후 풀어둔 달걀을 2번에 나누어 넣
  으며 섞는다.
· 다져 놓은 레몬껍질과 소금을 넣고 고르게 섞는다.
· 중탕한 버터를 30~40℃로 식힌 후 섞어 반죽을 완성한다.

2. 휴지

· 반죽을 비닐로 덮어 실온에서 30분간 휴지시킨다.

3. 패닝(생산수량: $2\frac{1}{2}$판)

· 마드레느팬에 녹인 쇼트닝을 붓으로 바른 후 강력분을 뿌리고 팬을 뒤집어 남은 강
  력분을 제거한다.
· 짤주머니에 직경 1cm의 원형깍지를 낀 후 반죽을 담고 틀 부피의 80% 정도 짠다.

4. 굽기

온도: 180/160℃, 시간: 12~15분

합격 포인트

① 버터를 완전히 녹이면 온도가 자연스럽게 높아지므로 먼저 작업하여 식히는 시간을 고려한다.
② 요구사항이 실온휴지이므로 버터의 용해온도가 높으면 휴지시간이 오래 걸리는 것을 고려해 뜨거울 때는 식혀서 가
   루재료를 섞는다.
③ 반죽이 매끈하게 될 때까지 섞는다.
④ 달걀을 풀 때 최대한 거품이 생기지 않도록 해야 표면에 기포자국이 덜 생긴다.

18 타르트

1 배합표

비율(%)	재료명	무게(g)
100	박력분	400
25	달걀	100
26	설탕	104
40	버터	160
0.5	소금	2
191.5	계	766

-충전물- ※ 계량시간에서 제외

비율(%)	재료명	무게(g)
100	아몬드분말	250
90	설탕	226
100	버터	250
65	달걀	162
12	브랜디	30
367	계	918

-광택제 및 토핑- ※ 계량시간에서 제외

66.6	아몬드 슬라이스	100

비율(%)	재료명	무게(g)
100	에프리코트 혼당	150
40	물	60
140	계	210

2 요구사항 (2시간 20분)

※ 타르트를 제조하여 제출하시오.

① 배합표의 반죽용 재료를 계량하여 재료별로 진열하시오(5분) (충전물·토핑 등의 재료는 휴지시간을 활용하시오).

- 재료계량(재료당 1분) → [감독위원 계량확인] → 작품제조 및 정리정돈(전체시험시간-재료계량시간)
- 재료계량 시간내에 계량을 완료하지 못하여 시간이 초과된 경우 및 계량을 잘못한 경우는 추가의 시간 부여 없이 작품제조 및 정리정돈 시간을 활용하여 요구사항의 무게대로 계량
- 달걀의 계량은 감독위원이 지정하는 개수로 계량

② 반죽은 크림법으로 제조하시오.

③ 반죽온도는 20℃를 표준으로 하시오.

④ 반죽은 냉장고에서 20~30분 정도 휴지하시오.

⑤ 반죽은 두께 3mm 정도 밀어펴서 팬에 맞게 성형하시오.

⑥ 아몬드크림을 제조해서 팬(ø 10~12cm) 용적의 60~70% 정도 충전하시오.

⑦ 아몬드슬라이스를 윗면에 고르게 장식하시오.

⑧ 8개를 성형하시오.

⑨ 광택제로 제품을 완성하시오.

제조 공정

1. 반죽
제법: 크림법, 반죽온도: 20℃
· 볼에 버터를 넣고 부드럽게 풀어준 후 설탕과 소금을 넣고 크림화 한다.
· 달걀을 2번에 나누어 넣으면서 분리현상이 일어나지 않도록 잘 섞는다.
· 반죽에 체질한 박력분을 넣고 한덩어리가 되도록 혼합한다.

2. 휴지
· 완성된 반죽을 비닐에 넣고 냉장고에서 20~30분간 휴지시킨다.

3. 충전물 만들기
· 볼에 버터를 넣고 부드럽게 풀어준 후 설탕을 넣고 크림화 한다.
· 달걀을 나누어 넣으면서 부드러운 크림을 만들고 체질한 아몬드분말을 넣고 섞은 후 브랜디를 섞어 완성한다.

4. 패닝(생산수량: 8개)
· 휴지시킨 반죽 일부분을 떼어내어 가볍게 치댄 후 3mm 두께로 밀고 타르트팬에 맞게 깐 후 재단한다.
· 포크를 사용하여 바닥면에 구멍을 뚫어 준다.
· 짤주머니에 원형깍지를 끼운 후 충전물을 담고 타르트 반죽 위에 60~70% 정도 충전한 후 아몬드슬라이스를 올려 마무리한다.

5. 굽기
온도: 190/180℃, 시간: 25~30분

6. 마무리
· 에프리코트혼당과 물을 함께 끓여 제품 윗면에 바른다.

합격 포인트

① 반죽 제조 시 크림화를 많이 하면 질어져서 냉장휴지 시간이 부족하다.
② 반죽을 많이 치대면 글루텐이 생겨서 바닥면이 올라올 수 있으므로, 포크로 확실히 뚫어준다.
③ 충전물 제조 시 아몬드분말을 60% 정도 섞다가 브랜디를 넣어 마무리하듯이 섞는다.
④ 에프리코트혼당은 미리 끓이면 굳으므로 굽기를 마친 후 잘 저으며 끓여서 사용하고 굳기 전에 신속히 윗면에 바른다.

19 호두 파이

1 배합표

비율(%)	재료명	무게(g)
100	중력분	400
10	노른자	40
1.5	소금	6
3	설탕	12
12	생크림	48
40	버터	160
25	물	100
191.5	계	766

-충전물-   ※ 계량시간에서 제외

비율(%)	재료명	무게(g)
100	호두	250
100	설탕	250
100	물엿	250
1	계피가루	2.5(2)
40	물	100
240	달걀	600
581	계	1,452.5 (1,452)

2 요구사항 (2시간 30분)

※ 호두 파이를 제조하여 제출하시오.

① 껍질재료를 계량하여 재료별로 진열하시오(7분).
- 재료계량(재료당 1분) → [감독위원 계량확인] → 작품제조 및 정리정돈(전체시험시간−재료계량시간)
- 재료계량 시간내에 계량을 완료하지 못하여 시간이 초과된 경우 및 계량을 잘못한 경우는 추가의 시간 부여 없이 작품제조 및 정리정돈 시간을 활용하여 요구사항의 무게대로 계량
- 달걀의 계량은 감독위원이 지정하는 개수로 계량

② 껍질에 결이 있는 제품으로 손반죽으로 제조하시오.

③ 껍질휴지는 냉장온도에서 실시하시오.

④ 충전물은 개인별로 각자 제조하시오(호두는 구워서 사용).

⑤ 구운 후 충전물의 층이 선명하도록 제조하시오.

⑥ 제시한 팬 7개에 맞는 껍질을 제조하시오(팬 크기가 다를 경우 크기에 따라 가감).

⑦ 반죽은 전량을 사용하여 성형하시오.

제조 공정

1. 반죽
제법: 블렌딩법, 반죽온도: 18~20℃
· 찬물에 소금, 설탕, 노른자, 생크림을 넣고 잘 섞어 준비한다.
· 작업대 위에 체질한 중력분을 올리고 그 위에 버터를 얹는다.
· 스크래퍼를 이용하여 버터를 콩알 크기만큼 자르면서 중력분을 코팅시킨다.
· 버터가 콩알만해지면 가운데를 움푹하게 파낸 후 준비한 물을 3번에 나누어 넣으면서 한 덩어리의 반죽을 만든다.

2. 휴지
· 한 덩어리가 된 반죽을 비닐에 싸서 냉장고에 넣고 30분간 휴지한다.

3. 충전물 만들기
· 평철판에 백로지를 깔고 호두를 넓게 편 후 예열 중인 오븐에 넣어 전처리 한다.
· 볼에 물을 넣고 설탕, 물엿을 넣어 가스버너에 올린다. 설탕이 녹을 때까지 끓인 후 70℃로 식힌다.
· 다른 볼에 달걀을 넣고 거품기로 풀어준 후 70℃로 식힌 시럽을 나누어 넣으면서 섞는다.
· 계피가루를 계량 외 물 15g에 풀어 충전물에 넣고 균일하게 섞는다.
· 잘 섞은 충전물을 체에 걸러 불순물을 제거한 후 백로지를 윗면에 덮어 거품을 제거한다.

4. 정형(생산수량: 7개)
· 휴지시킨 반죽의 일부분을 떼어내 팬보다 조금 크게 밀어 준다(두께 0.3cm).
· 반죽을 팬에 깔고 자리를 잡은 후 가장자리 밖으로 나온 반죽을 스크래퍼로 잘라낸다.
· 파이팬 가장자리 반죽을 양손의 엄지와 집게손가락을 이용하여 주름을 잡는다.
· 전처리한 호두를 넣고 충전물을 80% 정도 부어 마무리한다.

5. 굽기
온도: 185/190℃, 시간: 25~30분

합격 포인트

① 융점이 낮은 버터를 사용할 때나 여름에 버터를 사용할 때는 버터를 피복한 가루재료에 액체재료를 가볍게 섞어 냉장고에서 반죽을 단단하게 휴지시킨다.
② 작업장의 온도가 높은 여름에는 손으로 반죽 혼합 시 지나치게 섞으면 유지가 녹고 반죽에 끈기가 생겨 껍질에 결이 생기지 않는다.
③ 충전물 제조 시 재료들을 균일하게 혼합할 때 지나치게 섞어 거품이 많이 생기지 않도록 주의하며 20℃ 정도로 낮춘 후 패닝한 껍질에 붓는다.
④ 팬에 반죽을 깔고 주름을 잡은 후 호두를 35g씩 계량하며 펼친다.

20 슈

1 배합표

비율(%)	재료명	무게(g)
125	물	250
100	버터	200
1	소금	2
100	중력분	200
200	달걀	400
526	계	1,052

-충전물-   ※ 계량시간에서 제외

500	커스터드크림	1,000

2 요구사항 (2시간)

※ 슈를 제조하여 제출하시오.

① 배합표의 재료를 계량하여 재료별로 진열하시오(5분).
- 재료계량(재료당 1분) → [감독위원 계량확인] → 작품제조 및 정리정돈(전체시험시간−재료계량시간)
- 재료계량 시간내에 계량을 완료하지 못하여 시간이 초과된 경우 및 계량을 잘못한 경우는 추가의 시간 부여 없이 작품제조 및 정리정돈 시간을 활용하여 요구사항의 무게대로 계량
- 달걀의 계량은 감독위원이 지정하는 개수로 계량

② 껍질 반죽은 수작업으로 하시오.

③ 반죽은 직경 3cm 전후의 원형으로 짜시오.

④ 커스터드크림을 껍질에 넣어 제품을 완성하시오.

⑤ 반죽은 전량을 사용하여 성형하시오.

제조 공정

1. 반죽
제법: 블렌딩법, 익반죽법
· 볼에 물, 소금, 버터를 넣고 팔팔 끓인다.
· 체질한 중력분을 넣고 눌러 붙지 않도록 주의하면서 거품기로 저어가며 호화시킨다.
· 호화시킨 반죽을 불에서 내린 후 달걀을 나누어 넣으며 저어 끈기있고 매끈한 반죽을 만든다.
· 반죽에서 광택이 나고 떨어뜨렸을 때 모양이 유지되면 완성된 반죽이다.

2. 성형 및 패닝(생산수량: 평철판 4개)
· 짤주머니에 직경 1cm의 원형깍지를 끼우고 반죽을 담는다.
· 평철판에 3cm 이상의 간격을 주며 직경 3cm의 원형으로 짠다.
· 오븐에 넣기 직전 분무기를 이용하여 반죽 표면에 물을 분무하거나 물을 부어 침지시킨다.

3. 굽기
온도: 200/150℃, 시간: 20분

4. 마무리
· 완성된 슈껍질의 바닥을 젓가락이나 온도계를 이용하여 구멍을 뚫는다.
· 짤주머니에 직경 0.5cm 깍지를 끼우고 크림을 담아 충전한다.

합격 포인트.

① 불에서 호화를 충분히 시키지 않은 경우 완성된 반죽이 질고 부풀지 않는다.
② 코팅이 벗겨진 평철판에는 기름칠을 하거나 실리콘페이퍼를 사용하여 패닝한다.
③ 끓인 물에 가루재료를 넣으면 가라앉으면서 눌러 붙을 수 있으므로 잠시 불에서 내려 균일하게 섞은 후 다시 불에 올린다.
④ 굽기 시 반죽이 다 부풀고 착색이 되기 전에 오븐문을 열면 주저앉는 원인이 될 수 있으므로 주의한다.

제빵기능사

식빵류

하드계열빵류

단과자빵류

01 식빵(비상스트레이트법)

1 배합표

비율(%)	재료명	무게(g)
100	강력분	1,200
63	물	756
5	이스트	60
2	제빵개량제	24
5	설탕	60
4	쇼트닝	48
3	탈지분유	36
1.8	소금	21.6(22)
183.8	계	2,205.6 (2,206)

2 요구사항 (2시간 40분)

※ 식빵(비상스트레이트법)을 제조하여 제출하시오.

① 배합표의 각 재료를 계량하여 재료별로 진열하시오(8분).
- 재료계량(재료당 1분) → [감독위원 계량확인] → 작품제조 및 정리정돈(전체시험시간–재료계량시간)
- 재료계량 시간내에 계량을 완료하지 못하여 시간이 초과된 경우 및 계량을 잘못한 경우는 추가의 시간 부여 없이 작품제조 및 정리정돈 시간을 활용하여 요구사항의 무게대로 계량
- 달걀의 계량은 감독위원이 지정하는 개수로 계량

② 비상스트레이트법 공정에 의해 제조하시오(반죽온도는 30℃로 한다).

③ 표준분할무게는 170g으로 하고, 제시된 팬의 용량을 감안하여 결정하시오(단, 분할무게×3을 1개의 식빵으로 함).

④ 반죽은 전량을 사용하여 성형하시오.

제조 공정

1. 반죽
제법: 비상스트레이트법, 완료점: 최종단계후기(120%), 반죽온도: 30℃

2. 1차 발효
온도: 30℃, 습도: 75~80%, 시간: 20~30분

3. 분할 및 성형
분할무게: 170g, 둥글리기, 중간발효: 10분, 성형: 산봉형
❍ 산봉형 식빵 성형하기
· 밀대를 이용하여 반죽을 타원형으로 밀어 준 후 반죽을 뒤집어 성형한다.
· 3겹접기를 한 후 반죽을 세로로 놓고 윗면부터 단단하게 말아 준다.
· 이음새를 꼬집듯이 붙여 준다.

4. 패닝 및 2차 발효(생산수량: 4개)
패닝: 식빵틀에 3개씩, 2차 발효 온도: 38℃, 습도: 80~95%, 시간: 30분
· 반죽이 팬 높이와 같게 발효

5. 굽기
온도: 170/190℃, 시간: 30~35분

합격 포인트

① 클린업단계에서 유지를 넣고 저속으로 돌리다가 유지가 섞이면 중속으로 돌려 최종단계후기까지 믹싱한다. 비상스트레이트법은 짧게 발효하기 때문에 믹싱을 오래한다.
② 비상스트레이트법의 경우 1차 발효를 30분 안에 완료해야 하므로 반죽온도를 잘 맞춘다.
③ 대강의 반죽무게를 짐작하여 한 두 번의 반죽 가감으로 정확한 무게가 되도록 분할한다. 이렇게 해야만 반죽과 발효 과정에서 형성된 글루텐 막의 손상을 최소화할 수 있다.
④ 패닝 시 1팬에 들어가는 3개의 반죽덩어리 크기가 거의 같아야 하므로 둥글리기, 밀대로 밀기, 말기 등의 반죽정형공정 시 반죽에 가하는 힘의 정도를 일정하고 빠르게 진행시켜야 한다. 둥글게 말려진 방향이 일치하도록 주의하면서 팬에 넣어야 한다.
⑤ 식빵팬은 옆면의 높이가 비교적 높기 때문에 식빵의 옆면 및 바닥의 색을 확실하게 내주어야 구운 후 식빵의 옆면이 함몰되는 것을 방지할 수 있다.

02 우유식빵

비율(%)	재료명	무게(g)
100	강력분	1,200
40	우유	480
29	물	348
4	이스트	48
1	제빵개량제	12
2	소금	24
5	설탕	60
4	쇼트닝	48
185	계	2,220

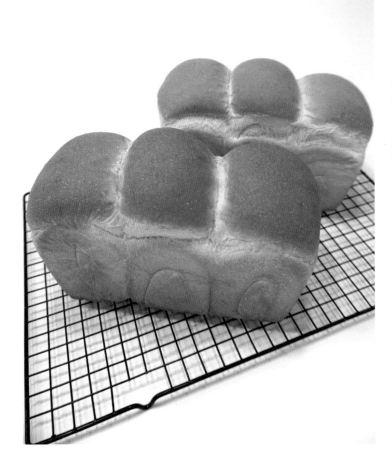

2 요구사항 (3시간 40분)

※ 우유식빵을 제조하여 제출하시오.

① 배합표의 각 재료를 계량하여 재료별로 진열하시오(8분).

- 재료계량(재료당 1분) → [감독위원 계량확인] → 작품제조 및 정리정돈(전체시험시간−재료계량시간)
- 재료계량 시간내에 계량을 완료하지 못하여 시간이 초과된 경우 및 계량을 잘못한 경우는 추가의 시간 부여 없이 작품제조 및 정리정돈 시간을 활용하여 요구사항의 무게대로 계량
- 달걀의 계량은 감독위원이 지정하는 개수로 계량

② 반죽은 스트레이트법으로 제조하시오(단, 유지는 클린업 단계에 첨가하시오).

③ 반죽온도는 27℃를 표준으로 하시오.

④ 표준분할무게는 180g으로 하고, 제시된 팬의 용량을 감안 하여 결정하시오(단, 분할무게×3을 1개의 식빵으로 함).

⑤ 반죽은 전량을 사용하여 성형하시오.

제조 공정

1. 반죽
제법: 스트레이트법, 완료점: 최종단계(100%), 반죽온도: 27℃

2. 1차 발효
온도: 27℃, 습도: 75~80%, 시간: 45분

3. 분할 및 성형
분할무게: 180g, 둥글리기, 중간발효: 10분, 성형: 산봉형

◐ 산봉형 식빵 성형하기
· 밀대를 이용하여 반죽을 타원형으로 밀어 준 후 반죽을 뒤집어 성형한다.
· 3겹접기를 한 후 반죽을 세로로 놓고 윗면부터 단단하게 말아 준다.
· 이음새를 꼬집듯이 붙여 준다.

4. 패닝 및 2차 발효(생산수량: 4개)
패닝: 식빵틀에 3개씩, 2차 발효 온도: 35℃, 습도: 85%, 시간: 30~35분
· 반죽이 팬 높이보다 0.5~1cm 위로 발효

5. 굽기
온도: 170/180℃, 시간: 30~35분

합격 포인트

① 물 대신 우유를 사용하게 되면 우유에 함유되어 있는 우유 단백질 때문에 믹싱시간과 발효시간이 길어진다. 그러나 시험 배합표의 우유식빵은 반죽의 되기가 되므로 일반 식빵만큼 믹싱을 하면 된다. 그러나 발효시간은 우유 단백질과 된 반죽으로 인해 약간 길어진다.

② 믹싱볼 옆면에 덧가루를 살짝 뿌리고 곡면 플라스틱 스크래퍼를 이용해서 볼에서 반죽을 분리시켜 떼어낸 후 반죽의 외피가 손상되지 않게 잘 손질하면서 하나의 표피로 만든 후 발효통에 담는다. 곡면 플라스틱 스크래퍼를 사용해야 믹싱볼에 긁힘이 없다.

③ 제빵 시 모든 조건이 같다더라도 믹서 훅의 형태와 믹싱 시 분당 회전속도에 따라 굽기 시 오븐팽창이 달라진다. 그래서 이것을 고려하여 2차 발효 완료점을 결정한다.

④ 반죽의 윗부분이 식빵틀 높이보다 0.5~1cm 위로 올라올 때까지 2차 발효한다.

⑤ 물 대신 우유를 사용하므로 유당에 의한 윗면 껍질색의 착색을 고려하여 윗불을 낮춘다.

03 풀만식빵

1 배합표

비율(%)	재료명	무게(g)
100	강력분	1,400
58	물	812
4	이스트	56
1	제빵개량제	14
2	소금	28
6	설탕	84
4	쇼트닝	56
5	달걀	70
3	분유	42
183	계	2,562

2 요구사항 (3시간 40분)

※ 풀만식빵을 제조하여 제출하시오.

① 배합표의 각 재료를 계량하여 재료별로 진열하시오(9분).
- 재료계량(재료당 1분) → [감독위원 계량확인] → 작품제조 및 정리정돈(전체시험시간-재료계량시간)
- 재료계량 시간내에 계량을 완료하지 못하여 시간이 초과된 경우 및 계량을 잘못한 경우는 추가의 시간 부여 없이 작품제조 및 정리정돈 시간을 활용하여 요구사항의 무게대로 계량
- 달걀의 계량은 감독위원이 지정하는 개수로 계량

② 반죽은 스트레이트법으로 제조하시오(단, 유지는 클린업 단계에 첨가하시오).

③ 반죽온도는 27℃를 표준으로 하시오.

④ 표준분할무게는 250g으로 하고, 제시된 팬의 용량을 감안하여 결정하시오(단, 분할무게×2를 1개의 식빵으로 함).

⑤ 반죽은 전량을 사용하여 성형하시오.

제조 공정

1. 반죽
제법: 스트레이트법, 완료점: 최종단계(100%), 반죽온도: 27℃

2. 1차 발효
온도: 27℃, 습도: 75~80%, 시간: 45분

3. 분할 및 성형
분할무게: 250g, 둥글리기, 중간발효: 10분, 성형

❍ **풀만식빵 성형하기**
· 밀대를 이용하여 반죽을 두께가 일정한 타원형으로 밀어 준 후 반죽을 뒤집어 성형한다.
· 3겹접기를 한 후 반죽을 세로로 놓고 윗면부터 단단하게 말아 준다.
· 이음새를 꼬집듯이 붙여 준다.

4. 패닝 및 2차 발효(생산수량: 5개)
패닝: 식빵틀에 2개씩, 2차 발효 온도: 35℃, 습도: 85~90%, 시간: 30~35분
· 반죽이 팬 높이보다 1cm 아래로 발효

5. 굽기
온도: 190/190℃, 시간: 30~35분

합격 포인트

① 다양한 재료가 들어가는 풀만식빵의 반죽을 제조할 때 재료를 균일하게 혼합하는 방법은 다음과 같다. 액체재료를 넣기 전 가루재료만 믹싱볼에 투입한 후 저속으로 1분 정도 혼합한다. 이렇게 하는 것이 액체재료와 가루재료를 함께 넣는 것보다 짧은 시간에 균일하게 혼합할 수 있다. 왜냐하면 액체의 수분이 가루재료를 구성하는 성분 중 단백질과 가장 먼저 만나 결합하고 흡착하여 글루텐을 만들어 재료들의 이동을 방해하기 때문이다.

② 풀만식빵은 2차 발효 후 뚜껑을 덮어 구워야 하는 제품이므로 2차 발효 완료점을 식빵틀 높이보다 1cm 낮게 발효를 시켜야 뚜껑을 덮을 때 반죽이 눌리지 않는다.

③ 풀만식빵틀 뚜껑 안쪽의 코팅 상태를 확인하고 상황에 따라 기름걸레로 닦아 사용한다.

④ 뚜껑을 덮어 굽는 빵이므로 일반 식빵보다 윗불의 온도를 약간 높게 설정한다.

⑤ 굽기 시간이 다 되어 뚜껑을 열려할 때 열리지 않는다면 2분 정도 오븐에 둔다.

04 옥수수식빵

1 배합표

비율(%)	재료명	무게(g)
80	강력분	960
20	옥수수분말	240
60	물	720
3	이스트	36
1	제빵개량제	12
2	소금	24
8	설탕	96
7	쇼트닝	84
3	탈지분유	36
5	달걀	60
189	계	2,268

2 요구사항 (3시간 40분)

※ 옥수수식빵을 제조하여 제출하시오.

① 배합표의 각 재료를 계량하여 재료별로 진열하시오(10분).
- 재료계량(재료당 1분) → [감독위원 계량확인] → 작품제조 및 정리정돈(전체시험시간−재료계량시간)
- 재료계량 시간내에 계량을 완료하지 못하여 시간이 초과된 경우 및 계량을 잘못한 경우는 추가의 시간 부여 없이 작품제조 및 정리정돈 시간을 활용하여 요구사항의 무게대로 계량
- 달걀의 계량은 감독위원이 지정하는 개수로 계량

② 반죽은 스트레이트법으로 제조하시오(단, 유지는 클린업단계에서 첨가하시오).

③ 반죽온도는 27℃를 표준으로 하시오.

④ 표준분할무게는 180g으로 하고, 제시된 팬의 용량을 감안하여 결정하시오(단, 분할무게×3을 1개의 식빵으로 함).

⑤ 반죽은 전량을 사용하여 성형하시오.

제조 공정

1. 반죽
제법: 스트레이트법, 완료점: 발전단계후기(90%), 반죽온도: 27℃

2. 1차 발효
온도: 27℃, 습도: 75~80%, 시간: 50분

3. 분할 및 성형
분할무게: 180g, 둥글리기, 중간발효: 10분, 성형: 산봉형

◐ 산봉형 식빵 성형하기
· 밀대를 이용하여 반죽을 타원형으로 밀어 준 후 반죽을 뒤집어 성형한다.
· 3겹접기를 한 후 반죽을 세로로 놓고 윗면부터 단단하게 말아 준다.
· 이음새를 꼬집듯이 붙여 준다.

4. 패닝 및 2차 발효(생산수량: 4개)
패닝: 식빵틀에 3개씩, 2차 발효 온도: 35℃, 습도: 85%, 시간: 33~38분
· 반죽이 팬 높이보다 1cm 위로 발효

5. 굽기
온도: 170/180℃, 시간: 30~35분

합격 포인트

① 옥수수분말에는 글루텐을 만드는 단백질의 함량은 적고 전분의 함량은 많아 반죽을 만들 때는 수분을 많이 흡수하지 못하지만 반죽을 구울 때는 수분을 많이 흡수한다. 이러한 이유 때문에 반죽의 되기가 다른 시험품목의 식빵들의 되기보다 매우 질다. 그래서 반죽정형공정에서 둥글리기, 성형하기를 할 때 반죽이 너무 끈적거려 둥글리기와 성형한 반죽의 표면을 매끄럽게 유지하기가 어렵다. 그러니 덧가루를 효과적으로 사용하여 반죽의 표피가 거칠어지지 않도록 한다.

② 완제품 식빵의 밑면이 잘 나오려면 패닝 시 식빵틀에 반죽을 넣고 주먹을 쥔 후 가볍게 눌러 바닥면에 공간이 생기지 않고 밀착되도록 한다.

③ 반죽색이 노르스름하기 때문에 식빵팬의 두께와 틀의 간격, 오븐의 열전달 방식 등에 따라 온도와 시간이 달라지므로 실제 경험을 기초로 언더베이킹하지 않도록 주의한다.

05 밤식빵

1 배합표

비율(%)	재료명	무게(g)
80	강력분	960
20	중력분	240
52	물	624
4.5	이스트	54
1	제빵개량제	12
2	소금	24
12	설탕	144
8	버터	96
3	탈지분유	36
10	달걀	120
192.5	계	2,310

-토핑- ※ 계량시간에서 제외

비율(%)	재료명	무게(g)
100	마가린	100
60	설탕	60
2	베이킹파우더	2
60	달걀	60
100	중력분	100
50	아몬드 슬라이스	50
372	계	372
35	밤다이스 (시럽제외)	420

2 요구사항 (3시간 40분)

※ 밤식빵을 제조하여 제출하시오.

① 반죽 재료를 계량하여 재료별로 진열하시오(10분).
- 재료계량(재료당 1분) → [감독위원 계량확인] → 작품제조 및 정리정돈(전체 시험시간−재료계량시간)
- 재료계량 시간내에 계량을 완료하지 못하여 시간이 초과된 경우 및 계량을 잘못한 경우는 추가의 시간 부여 없이 작품제조 및 정리정돈 시간을 활용하여 요구사항의 무게대로 계량
- 달걀의 계량은 감독위원이 지정하는 개수로 계량

② 반죽은 스트레이트법으로 제조하시오.

③ 반죽온도는 27℃를 표준으로 하시오.

④ 분할무게는 450g으로 하고, 성형 시 450g의 반죽에 80g의 통조림 밤을 넣고 정형하시오(한덩이:one loaf).

⑤ 토핑물을 제조하여 굽기 전에 토핑하고 아몬드를 뿌리시오.

⑥ 반죽은 전량을 사용하여 성형하시오.

제조 공정

1. 반죽
제법: 스트레이트법, 완료점: 최종단계(100%), 반죽온도: 27℃

2. 1차 발효
온도: 27℃, 습도: 75~80%, 시간: 45분

3. 분할 및 성형
분할무게: 450g, 둥글리기, 중간발효: 10분, 성형

◑ 밤식빵 성형하기
· 밀대를 이용하여 반죽을 타원형으로 밀어 준다.
· 가장자리를 제외한 나머지 부분에 80g의 밤을 고르게 올린다.
· 일정한 크기를 유지하며 안으로 단단하게 말아 타원형으로 만든다.
· 이음새를 꼼꼼히 붙여 준다.

4. 패닝 및 2차 발효(생산수량: 5개)
패닝: 식빵틀에 1개씩, 2차 발효 온도: 35℃, 습도: 85%, 시간: 27~31분

5. 토핑물 만들기(수작업)
· 마가린을 볼에 넣고 거품기를 이용하여 부드럽게 풀어 준 후 설탕을 넣고 크림화한다.
· 달걀을 넣고 설탕입자가 녹을 때까지 크림상태로 믹싱한다.
· 체질한 중력분과 베이킹파우더를 넣고 주걱으로 고르게 혼합한다.
· 짤주머니에 물결모양깍지를 끼우고 토핑물을 넣어 준비한다.

6. 굽기 전
· 반죽이 팬 높이보다 1cm 아래인 시점까지 2차 발효시킨 반죽 위에 토핑물을 균일하게 짠 후 슬라이스 아몬드를 뿌린다.

7. 굽기
온도: 170/170℃, 시간: 30~35분

합격 포인트

① 요구사항인 반죽온도를 맞추기 위해서는 평상시 연습할 때 실기품목의 기본온도를 메모한다. 기본온도는 실내온도, 물온도, 밀가루온도를 합한 온도 값으로 배합률에 따라 기본온도의 범위는 달라진다. 계산방식은 다음과 같다.
   · 기본온도=실내온도+물온도+밀가루온도
   · 물온도=기본온도-(실내온도+밀가루온도)
② 당조림한 밤 조각을 사용하기 30분 전에 체에 밭쳐서 수분을 제거한다. 밤 조각에 수분이 있으면 반죽을 구웠을 때 밤 주위 부분이 익지 않는다.
③ 성형 시 밤 조각을 골고루 펴서 놓은 후 촘촘히 당기면서 말아주어야 굽기 후 완제품을 잘랐을 때 절단면에 구멍이 나지 않는다. 그러나 반죽을 지나치게 당기면서 말면 밤 조각의 날에 반죽이 찢어지기도 한다.
④ 토핑물을 짤주머니로 짜기 전 반죽표면을 말린 후에 얇고 고르게 짠다.

06

버터톱식빵

1 배합표

비율(%)	재료명	무게(g)
100	강력분	1,200
40	물	480
4	이스트	48
1	제빵개량제	12
1.8	소금	21.6(22)
6	설탕	72
20	버터	240
3	탈지분유	36
20	달걀	240
195.8	계	2,349.6 (2,350)

-바르기용 버터- ※ 계량시간에서 제외

5	버터 (바르기용)	60

2 요구사항 (3시간 30분)

※ **버터톱식빵을 제조하여 제출하시오.**

① 배합표의 각 재료를 계량하여 재료별로 진열하시오(9분).
- 재료계량(재료당 1분) → [감독위원 계량확인] → 작품제조 및 정리정돈(전체시험시간~재료계량시간)
- 재료계량 시간내에 계량을 완료하지 못하여 시간이 초과된 경우 및 계량을 잘못한 경우는 추가의 시간 부여 없이 작품제조 및 정리정돈 시간을 활용하여 요구사항의 무게대로 계량
- 달걀의 계량은 감독위원이 지정하는 개수로 계량

② 반죽은 스트레이트법으로 만드시오(단, 유지는 클린업단계에서 첨가하시오).

③ 반죽온도는 27℃를 표준으로 하시오.

④ 분할무게 460g 짜리 5개를 만드시오(한덩이:one loaf).

⑤ 윗면을 길이로 자르고 버터를 짜 넣는 형태로 만드시오.

⑥ 반죽은 전량을 사용하여 성형하시오.

제조 공정

1. 반죽
제법: 스트레이트법, 완료점: 최종단계(100%), 반죽온도: 27℃

2. 1차 발효
온도: 27℃, 습도: 75~80%, 시간: 45분

3. 분할 및 성형
분할무게: 460g, 둥글리기, 중간발효: 10분, 성형: 원로프(one loaf)형

○ 원로프(one loaf)형 식빵 성형하기
· 밀대를 이용하여 반죽을 넓적한 타원형으로 밀어 준 후 반죽을 뒤집어 성형한다.
· 반죽을 위에서부터 단단하게 말아 내려가며 타원형을 만든다(아래에서부터 말기도 함).
· 이음새를 꼬집듯이 붙여 준다.

4. 패닝 및 2차 발효(생산수량: 5개)
패닝: 식빵틀에 1개씩, 2차 발효 온도: 35℃, 습도: 85%, 시간: 30~35분

5. 굽기 전
· 반죽이 팬 높이보다 1cm 아래인 시점까지 2차 발효시킨 반죽 윗면의 가운데를 길게 갈라 칼집을 낸 후 그 부분에 버터를 짠다.

6. 굽기
온도: 170/180℃, 시간: 30~35분

합격 포인트

① 믹서의 회전축에 장착하는 반죽날개인 훅의 형태에는 L자형과 나선형이 있는 데 L자형은 상대적으로 믹싱시간이 단축이 되며 굽기 시 오븐팽창이 큰 반면에 나선형은 상대적으로 믹싱시간이 길어지며 굽기 시 오븐팽창이 작다. 이러한 현상이 버터가 많이 들어가는 버터톱식빵에서는 현저하게 나타나므로 각별한 주의가 필요하다.

② 버터가 많이 들어가는 반죽이므로 반죽 시 글루텐이 어느 정도 발전된 뒤에 유지를 넣는 것이 믹싱시간을 단축시킬 수 있으며 오븐팽창을 크게 만든다.

③ 2차 발효된 반죽 윗면을 커터칼로 가를 때 약간 건조시킨 후 깊이 5mm 정도로 가른다. 만약에 너무 깊게 가르면 완제품의 모양이 너무 투박하게 만들어지므로 각별히 주의한다.

④ 가른 윗면에 버터를 짤 때 5g을 같은 굵기로 일정하게 짠다. 많이 짜면 버터가 녹아 식빵틀 바닥에 나있는 구멍으로 흘러나와 오븐 바닥에서 발연하여 시험장을 메케하게 한다.

07 쌀식빵

1 배합표

비율(%)	재료명	무게(g)
70	강력분	910
30	쌀가루	390
63	물	819(820)
3	이스트	39(40)
1.8	소금	23.4(24)
7	설탕	91(90)
5	쇼트닝	65(66)
4	탈지분유	52
2	제빵개량제	26
185.8	계	2,415.4 (2,418)

2 요구사항 (3시간 40분)

※ 쌀식빵을 제조하여 제출하시오.

① 배합표의 각 재료를 계량하여 재료별로 진열하시오(9분).

② 반죽은 스트레이트법으로 제조하시오(단, 유지는 클린업단계에서 첨가하시오).

③ 반죽온도는 27℃를 표준으로 하시오.

④ 분할무게는 198g씩으로 하고, 제시된 팬의 용량을 감안하여 결정하시오(단, 분할 무게×3을 1개의 식빵으로 함).

⑤ 반죽은 전량을 사용하여 성형하시오.

제조 공정

1. 반죽
제법: 스트레이트법, 완료점: 발전단계후기(90%), 반죽온도: 27℃

2. 1차 발효
온도: 27℃, 습도: 75~80%, 시간: 50분

3. 분할 및 성형
분할무게: 198g, 둥글리기, 중간발효: 10분, 성형: 산봉형
○ 산봉형 식빵 성형하기
· 밀대를 이용하여 반죽을 타원형으로 밀어 준 후 반죽을 뒤집어 성형한다.
· 3겹접기를 한 후 반죽을 세로로 놓고 윗면부터 단단하게 말아 준다.
· 이음새를 꼬집듯이 붙여 준다.

4. 패닝 및 2차 발효
패닝: 1팬에 3개씩, 2차 발효 온도: 35℃, 습도: 85%, 시간: 40~45분

5. 굽기
온도: 170/180℃, 시간: 35분

합격 포인트

① 쌀가루는 글루텐을 형성할 수 있는 단백질인 글리아딘과 글루테닌의 함량이 적으므로 믹싱시간, 1차 발효시간은 100% 밀가루를 사용하여 만드는 빵에 비교하여 약간 줄인다.

② 쌀가루는 반죽의 글루텐 함량을 떨어뜨리므로 가스 보유력을 약화시키기 때문에 밀가루 빵에 비교하여 분할중량을 늘렸다. 이를 고려하여 2차 발효 완료점을 결정한다.

③ 쌀가루의 단백질 함량과 그 이외의 첨가물로 인하여 반죽익힘 공정 시 갈변반응속도가 빨리 일어난다. 그래서 100% 밀가루를 사용하여 만드는 빵에 비교하여 굽기 온도를 위와 아래 10℃ 정도 낮게 설정하는 것이 좋다.

④ 반죽의 분할중량이 늘어났기 때문에 이것을 고려하여 굽기시간을 3분 정도 늘린다.

⑤ 식빵팬의 두께, 오븐의 열전달 방식, 식빵팬과 팬 사이의 간격, 오븐의 위치 등에 따라 굽는 온도와 시간이 달라지므로 실제로는 경험을 기초로 다양한 굽기 조건이 가능하다.

08 베이글

1 배합표

비율(%)	재료명	무게(g)
100	강력분	800
55~60	물	440~480
3	이스트	24
1	제빵개량제	8
2	소금	16
2	설탕	16
3	식용유	24
166~171	계	1,328~1,368

2 요구사항 (3시간 30분)

※ 베이글을 제조하여 제출하시오.

① 배합표의 각 재료를 계량하여 재료별로 진열하시오(7분).
- 재료계량(재료당 1분) → [감독위원 계량확인] → 작품제조 및 정리정돈(전체시험시간−재료계량시간)
- 재료계량 시간내에 계량을 완료하지 못하여 시간이 초과된 경우 및 계량을 잘못한 경우는 추가의 시간 부여 없이 작품제조 및 정리정돈 시간을 활용하여 요구사항의 무게대로 계량
- 달걀의 계량은 감독위원이 지정하는 개수로 계량

② 반죽은 스트레이트법으로 제조하시오.

③ 반죽온도는 27℃를 표준으로 하시오.

④ 1개당 분할중량은 80g으로 하고 링모양으로 정형하시오.

⑤ 반죽은 전량을 사용하여 성형하시오.

⑥ 2차 발효 후 끓는물에 데쳐 패닝하시오.

⑦ 팬 2개에 완제품 16개를 구워 제출하고 남은 반죽은 감독위원의 지시에 따라 별도로 제출하시오.

제조 공정

1. 반죽
제법: 스트레이트법, 완료점: 발전단계(80%), 반죽온도: 27℃

2. 1차 발효
온도: 27℃, 습도: 75~80%, 시간: 40~45분

3. 분할 및 성형
분할무게: 80g, 둥글리기, 중간발효: 10분, 성형: 링모양

➲ 링모양 성형하기
· 밀대를 이용하여 반죽을 타원형으로 밀어준 후 반죽을 뒤집어 성형한다.
· 길게 3겹접기를 한 후 바닥면이 안으로 들어가게 말기를 한 후 양손으로 30cm 정도 늘린다.
· 한쪽 끝을 눌러 넓게 편 후 반대편 끝을 감싸고 떨어지지 않게 이음새를 잘 붙여 준다.

4. 패닝 및 2차 발효(생산수량: 16개)
패닝: 1팬에 8개씩, 2차 발효 온도: 33℃, 습도: 80%, 시간: 20분

5. 데치기
· 팔팔 끓는 물에 베이글을 넣고 한면에 각 5초씩 데쳐준다.
· 데친 베이글의 물기를 제거한 후 평철판에 다시 패닝한다.

6. 굽기
온도: 210/190℃, 시간: 18~20분

합격 포인트

① 성형 시 반죽을 손으로 눌러 평평하게 만든 후 바닥면이 안으로 들어가게 말기를 하면, 2차 발효 후 끓는 물에 데칠 때 표면에 수포가 많이 생긴다. 그래서 반죽을 밀대로 밀어펴서 평평하게 만든 후 말기를 할 때 좀 단단하게 말면 표면에 수포가 생기지 않는다.

② 베이글을 데칠 때 이음매가 떨어지지 않도록 링의 이음매를 잘 꼬집어 마무리한다.

③ 훈련생들은 손으로 직접 2차 발효가 완료된 반죽을 들어 끓는 물에 넣기에는 숙련도가 부족하므로 성형 시 가로와 세로가 10cm인 백로지에 놓은 후 평철판에 패닝을 하는 방식을 권한다. 단, 백로지는 수험자가 가져와야 한다.

④ 베이글을 2차 발효 후 데치는 과정에서 반죽이 늘어나거나 찌그러지지 않도록 주의한다. 그러나 백로지에 놓은 경우에는 종이를 잡고 백로지가 위로 가도록 끓는 물에 넣는다.

⑤ 끓는 물에 너무 오래 데치면 반죽 속까지 익어 굽기 시 오븐팽창이 일어나지 않는다.

⑥ 데치기 후 상온(또는 발효기)에 방치한 경우 감점되지 않는다.

1 배합표

비율(%)	재료명	무게(g)
70	강력분	770
30	호밀가루	330
3	이스트	33
1	제빵개량제	11(12)
60~65	물	660~715
2	소금	22
3	황설탕	33(34)
5	쇼트닝	55(56)
2	탈지분유	22
2	몰트액	22
178~183	계	1,958~2,016

2 요구사항 (3시간 30분)

※ 호밀빵을 제조하여 제출하시오.

① 배합표의 각 재료를 계량하여 재료별로 진열하시오(10분).
- 재료계량(재료당 1분) → [감독위원 계량확인] → 작품제조 및 정리정돈(전체시험시간-재료계량시간)
- 재료계량 시간내에 계량을 완료하지 못하여 시간이 초과된 경우 및 계량을 잘못한 경우는 추가의 시간 부여 없이 작품제조 및 정리정돈 시간을 활용하여 요구사항의 무게대로 계량
- 달걀의 계량은 감독위원이 지정하는 개수로 계량

② 반죽은 스트레이트법으로 제조하시오.

③ 반죽온도는 25℃를 표준으로 하시오.

④ 표준분할무게는 330g으로 하시오.

⑤ 제품의 형태는 타원형(럭비공 모양)으로 제조하고, 칼집모양을 가운데 일자로 내시오.

⑥ 반죽은 전량을 사용하여 성형하시오.

제조 공정

1. 반죽
제법: 스트레이트법, 완료점: 발전단계(80%), 반죽온도: 25℃

2. 1차 발효
온도: 27℃, 습도: 75~80%, 시간: 40분

3. 분할 및 성형
분할무게: 330g, 둥글리기, 중간발효: 10분, 성형: 럭비공 모양

⊙ 럭비공형 성형하기
· 밀대를 이용하여 반죽을 일정한 두께의 타원형으로 밀어 준 후 반죽을 뒤집어 성형한다.
· 양쪽으로 윗부분부터 안으로 단단히 말아 내려오면서 23cm 정도의 럭비공을 만든다(아래에서부터 말기도 함).
· 이음새를 꼬집듯이 붙여 준다.

4. 패닝 및 2차 발효(생산수량: 6개)
패닝: 1팬에 3개씩, 2차 발효 온도: 35℃, 습도: 85%, 시간: 27~30분

5. 굽기 전
·윗면에 일자로 칼집을 넣은 후 충분히 분무한다.

6. 굽기
온도: 160/200℃ 예열 후 185/140℃, 시간: 30분

합격 포인트

① 글리아딘은 많고 글루테닌이 적은 호밀가루 사용 시 반죽은 되고 온도는 낮아야 제품의 모양이 잘 유지되므로 물은 적은 양을 사용하며, 반죽온도는 낮게 유지되도록 한다.
② 호밀가루 특성상 믹싱시간 및 발효시간을 일반 식빵보다 짧게 가져간다.
③ 2차 발효 완료점은 약간 작게 설정한다. 왜냐하면 반죽의 윗면을 일자로 칼집을 넣기 때문에 반죽이 오븐에 들어가면 반죽의 윗면이 크게 벌어져 오븐 팽창이 크다.
④ 오븐 팽창이 오븐 라이즈라는 원인으로 일어나므로 칼집의 깊이는 1cm가 적당하다.
⑤ 감독관이 오븐에 분무기로 분무하는 것을 금할 경우, 오븐에 넣기 전 칼집에 분무를 충분히 한 뒤 넣어야 칼집부분에 터짐이 확실히 생긴다.
⑥ 일반적인 하드계열의 호밀빵과는 다르게 착색을 유도하는 황설탕, 탈지분유, 쇼트닝, 몰트 등의 부재료가 들어가므로 굽는 온도가 낮아야 한다.

10 통밀빵

1 배합표

비율(%)	재료명	무게(g)
80	강력분	800
20	통밀가루	200
2.5	이스트	25(24)
1	제빵개량제	10
63~65	물	630~650
1.5	소금	15(14)
3	설탕	30
7	버터	70
2	탈지분유	20
1.5	몰트액	15(14)
181.5~183.5	계	1,812~1,835

-토핑-　　　　　　　　※ 계량시간에서 제외

	재료명	무게(g)
–	(토핑용) 오트밀	200

2 요구사항 (3시간 30분)

※ 통밀빵을 제조하여 제출하시오.

① 배합표의 각 재료를 계량하여 재료별로 진열하시오(10분)
(단, 토핑용 오트밀은 계량시간에서 제외한다).
- 재료계량(재료당 1분) → [감독위원 계량확인] → 작품제조 및 정리정돈(전체시험시간-재료계량시간)
- 재료계량 시간내에 계량을 완료하지 못하여 시간이 초과된 경우 및 계량을 잘못한 경우는 추가의 시간 부여 없이 작품제조 및 정리정돈 시간을 활용하여 요구사항의 무게대로 계량
- 달걀의 계량은 감독위원이 지정하는 개수로 계량

② 반죽은 스트레이트법으로 제조하시오.

③ 반죽온도는 25℃를 표준으로 하시오.

④ 표준분할무게는 200g으로 하시오.

⑤ 제품의 형태는 밀대(봉)형(22~23cm)으로 제조하고, 표면에 물을 발라 오트밀을 보기 좋게 적당히 묻히시오.

⑥ 8개를 성형하여 제출하고 남은 반죽은 감독위원의 지시에 따라 별도로 제출하시오.

제조 공정

1. 반죽
제법: 스트레이트법, 완료점: 발전단계(80%), 반죽온도: 25℃

2. 1차 발효
온도: 27℃, 습도: 75~80%, 시간: 50분

3. 분할 및 성형
분할무게: 200g, 둥글리기, 중간발효: 10분, 성형: 밀대(봉)형

◑ 밀대(봉)형 성형하기
- 밀대를 이용하여 반죽을 타원형으로 밀어 준 후 반죽을 뒤집어 성형한다.
- 길게 3겹접기를 한 후 엄지와 검지를 이용해 반죽을 접고 다른 손의 손바닥을 이용하여 접힌 반죽을 눌러 붙이며 단단하게 봉한다.
- 이음새를 잘 붙인 후 22~23cm의 밀대(봉)형으로 늘린다.
- 반죽의 윗면에 붓을 이용하여 물을 묻힌 후 작업대에 깔아둔 오트밀에 놓고 굴려 양 옆과 윗부분에 오트밀을 충분히 붙인다.

4. 패닝 및 2차 발효(생산수량: 8개)
패닝: 1팬에 4개씩, 2차 발효 온도: 35℃, 습도: 85%, 시간: 40~45분

5. 굽기
온도: 200/150℃, 시간: 20~22분

합격 포인트.

① 밀알의 상태에 결정적인 영향을 받아 통밀가루의 단백질 함량과 질이 결정되고 이에 따라 반죽의 수분흡수율이 달라진다. 이런 통밀가루만이 갖고 있는 특성에 따라서 반죽의 되기가 달라지므로 물 양을 조절하여 투입한다.
② 통밀가루의 단백질 함량은 제분수율을 낮춘 흰밀가루보다 높으나, 단백질의 질이 떨어진다. 그래서 반죽이 탄력성이 떨어지므로 반죽온도를 낮게(25℃) 유지하여 이를 보완한다.
③ 글루텐을 만드는 단백질이 부족한 밀알의 껍질 부위가 많은 통밀가루 첨가량이 늘어날수록 반죽 만드는 믹싱시간을 짧게 가져간다.
④ 글루텐을 만드는 단백질의 양이 적고 질이 떨어지는 통밀가루의 양에 따라 발효시간을 흰밀가루로 만드는 빵보다 짧게 가져간다.
⑤ 반죽정형 시 반죽에 탄력성을 부여하면서 표피가 터지지 않도록 힘의 세기를 조절한다.

11 그리시니

1 배합표

비율(%)	재료명	무게(g)
100	강력분	700
1	설탕	7(6)
0.14	건조 로즈마리	1(2)
2	소금	14
3	이스트	21(22)
12	버터	84
2	올리브유	14
62	물	434
182.14	계	1,275 (1,276)

2 요구사항 (2시간 30분)

※ 그리시니를 제조하여 제출하시오.

① 배합표의 각 재료를 계량하여 재료별로 진열하시오(8분).
- 재료계량(재료당 1분) → [감독위원 계량확인] → 작품제조 및 정리정돈(전체시험시간-재료계량시간)
- 재료계량 시간내에 계량을 완료하지 못하여 시간이 초과된 경우 및 계량을 잘못한 경우는 추가의 시간 부여 없이 작품제조 및 정리정돈 시간을 활용하여 요구사항의 무게대로 계량
- 달걀의 계량은 감독위원이 지정하는 개수로 계량

② 전 재료를 동시에 투입하여 믹싱하시오(스트레이트법).

③ 반죽온도는 27℃를 표준으로 하시오.

④ 분할무게는 30g, 길이는 35~40cm로 성형하시오.

⑤ 반죽은 전량을 사용하여 성형하시오.

제조 공정

1. 반죽
제법: 스트레이트법, 완료점: 발전단계(80%), 반죽온도: 27℃

2. 1차 발효
온도: 27℃, 습도: 70%, 시간: 30분

3. 분할 및 성형
분할무게: 30g, 둥글리기, 중간발효: 10~15분, 성형: 막대형

⭕ **막대형 성형하기**
· 둥글리기한 반죽을 손바닥으로 눌러 납작하게 만든 후 손가락을 이용하여 돌돌 말아 원형을 만든다.
· 원형모양으로 만 반죽을 굴려 먼저 20cm 길이로 늘리기 한 후 35~40cm로 재늘리기 해준다.

4. 패닝 및 2차 발효(생산수량: 41개)
패닝: 1팬에 10~11개씩, 2차 발효 온도: 35℃, 습도: 85~95%, 시간: 10~15분

5. 굽기
온도: 200/160℃, 시간: 15~20분

합격 포인트.

① 요구사항에서 전 재료를 동시에 믹서볼에 투입하여 믹싱하도록 제시하였으므로 버터와 올리브유는 클린업단계에서 넣지 않고 처음부터 다른 모든 재료와 함께 넣도록 한다. 실기시험 시에는 항상 감독관의 지시사항과 시험지의 요구사항을 숙지하고 반드시 실행해야 한다. 그러나 만약에 감독관의 지시사항과 시험지의 요구사항이 없을 때는 자신감 있게 자신이 알고 있는 방식으로 진행한다.
② 전체 시험시간이 2시간 30분이므로 이것을 감안하여 1차 발효시간을 30분 정도로 한다.
③ 완제품을 균형감 있게 만들기 위해서는 길이와 두께를 균일하게 만들어야 한다.
④ 2차 발효시간은 계절과 시험장의 온도를 감안하여 조절하며 시간범위 안에서 상태를 보면서 발효완료점을 결정한다. 그런데 보통 다른 빵보다 2차 발효시간은 짧다.
⑤ 굽기 후 완제품이 지나치게 휜다면 2차 발효가 부족한 것이다.

12 버터롤

1 배합표

비율(%)	재료명	무게(g)
100	강력분	900
10	설탕	90
2	소금	18
15	버터	135(134)
3	탈지분유	27(26)
8	달걀	72
4	이스트	36
1	제빵개량제	9(8)
53	물	477(476)
196	계	1,764

2 요구사항 (3시간 30분)

※ 버터롤을 제조하여 제출하시오.

① 배합표의 각 재료를 계량하여 재료별로 진열하시오(9분).
  - 재료계량(재료당 1분) → [감독위원 계량확인] → 작품제조 및 정리정돈(전체시험시간−재료계량시간)
  - 재료계량 시간내에 계량을 완료하지 못하여 시간이 초과된 경우 및 계량을 잘못한 경우는 추가의 시간 부여 없이 작품제조 및 정리정돈 시간을 활용하여 요구사항의 무게대로 계량
  - 달걀의 계량은 감독위원이 지정하는 개수로 계량

② 반죽은 스트레이트법으로 제조하시오(단, 유지는 클린업 단계에 첨가하시오).

③ 반죽온도는 27℃를 표준으로 하시오.

④ 반죽 1개의 분할무게는 50g으로 제조하시오.

⑤ 제품의 형태는 번데기모양으로 제조하시오.

⑥ 24개를 성형하고, 남은 반죽은 감독위원의 지시에 따라 별도로 제출하시오.

제조 공정

1. 반죽
제법: 스트레이트법, 완료점: 최종단계(100%), 반죽온도: 27℃

2. 1차 발효
온도: 27℃, 습도: 75~80%, 시간: 45분

3. 분할 및 성형
분할무게: 50g, 둥글리기, 중간발효: 10분, 성형: 번데기형

◐ 번데기형 성형하기
· 손바닥을 이용하여 작업대 위의 반죽을 비벼 올챙이모양을 만든다.
· 반죽의 꼬리부분을 잡고 밀대로 밀어 윗부분은 넓고 아랫부분은 좁은 형태로 만든다.
· 넓은 부분부터 돌돌 말아 겹이 3~4겹 나오는 번데기형으로 성형한다.

4. 패닝 및 2차 발효(생산수량: 24개)
패닝: 1팬에 12개씩, 2차 발효 온도: 38℃, 습도: 80~95%, 시간: 30~35분

5. 굽기
온도: 190/140℃, 시간: 13~16분

합격 포인트.

① 중간발효가 끝난 반죽을 먼저 손으로 짧은 올챙이모양을 만든 후 다시 좀 더 길게 올챙이모양을 만든다. 그리고 난 후 밀대를 이용해 긴이등변삼각형모양으로 밀어 늘린다. 완성된 모습은 윗부분이 넓고 아랫부분이 뾰족한 상태이어야 한다.

② 반죽정형 공정 시 넓은 윗부분에서 뾰족한 아랫부분으로 말아서 번데기모양이 되도록 한다. 성형이 완료된 후 말린 뾰족한 끝부분은 바닥으로 가도록 주의하면서 철판에 놓는다.

③ 버터롤처럼 덧가루를 사용하여 표면이 건조되는 제품들은 계란물을 칠하는 것이 좋으나 만약 실기시험장에서 계란물 칠을 생략하면 물칠이라도 하길 권한다. 그래야 덧가루 때문에 건조된 표면을 습하게 만들어 굽기 시 착색이 잘 이루어진다. 계란물을 칠할 때는 평철판 바닥으로 흘러내리지 않도록 주의하며 붓으로 골고루 바른다.

④ 실기시험장에서 사용하는 데크오븐의 위치에 따라 온도 편차가 발생하므로 팬의 위치를 돌려주면서 굽는다.

13 모카빵

1 배합표

비율(%)	재료명	무게(g)
100	강력분	850
45	물	382.5(382)
5	이스트	42.5(42)
1	제빵개량제	8.5(8)
2	소금	17(16)
15	설탕	127.5(128)
12	버터	102
3	탈지분유	25.5(26)
10	달걀	85(86)
1.5	커피	12.75(12)
15	건포도	127.5(128)
209.5	계	1,780.75 (1,780)

-토핑용 비스킷- ※ 계량시간에서 제외

비율(%)	재료명	무게(g)
100	박력분	350
20	버터	70
40	설탕	140
24	달걀	84
1.5	베이킹파우더	5.25(5)
12	우유	42
0.6	소금	2.1(2)
198.1	계	693.35 (693)

2 요구사항 (3시간 30분)

※ 모카빵을 제조하여 제출하시오.

① 배합표의 빵반죽 재료를 계량하여 재료별로 진열하시오 (11분).
- 재료계량(재료당 1분) → [감독위원 계량확인] → 작품제조 및 정리정돈(전체시험시간–재료계량시간)
- 재료계량 시간내에 계량을 완료하지 못하여 시간이 초과된 경우 및 계량을 잘못한 경우는 추가의 시간 부여 없이 작품제조 및 정리정돈 시간을 활용하여 요구사항의 무게대로 계량
- 달걀의 계량은 감독위원이 지정하는 개수로 계량

② 반죽은 스트레이트법으로 제조하시오(단, 유지는 클린업 단계에서 첨가하시오).

③ 반죽온도는 27℃를 표준으로 하시오.

④ 반죽 1개의 분할무게는 250g, 1개당 비스킷은 100g씩으로 제조하시오.

⑤ 제품의 형태는 타원형(럭비공 모양)으로 제조하시오.

⑥ 토핑용 비스킷은 주어진 배합표에 의거 직접 제조하시오.

⑦ 완제품 6개를 제출하고 남은 반죽은 감독위원의 지시에 따라 별도로 제출하시오.

제조 공정

1. 반죽
제법: 스트레이트법, 완료점: 최종단계(100%), 반죽온도: 27℃

2. 1차 발효
온도: 27℃, 습도: 75~80%, 시간: 45분

3. 토핑용 비스킷 만들기(수작업)
· 버터를 거품기를 이용하여 부드럽게 풀어 준 후 설탕, 소금을 넣고 저어 크림상태를 만든다.
· 계란을 나누어 넣으며 부드러운 크림상태를 만들고 체질한 박력분과 베이킹파우더를 넣는다.
· 주걱을 이용하여 가볍게 섞으면서 우유를 넣고 한 덩어리를 만들어 냉장휴지한다.

4. 분할 및 성형
분할무게: 250g, 둥글리기, 중간발효: 10분, 성형: 럭비공형
⊙ 럭비공형 성형하기
· 밀대를 이용하여 반죽을 넓적한 타원형으로 밀어 준 후 반죽을 뒤집어 성형한다.
· 일정하게 반죽을 윗부분부터 아랫부분으로 단단히 말기를 한다(아래에서부터 말기도 함).
· 건포도가 빠져나오지 않도록 주의하며 길이 17cm 정도의 타원형으로 만든다.

5. 패닝 및 2차 발효(생산수량: 6개)
패닝: 1팬에 3개씩, 2차 발효 온도: 38℃, 습도: 85%, 시간: 30분

6. 굽기
온도: 180/160℃, 시간: 25~30분

합격 포인트

① 토핑용 비스킷 반죽은 1차 발효 중에 크림법으로 제조하여 만들고 완성된 토핑용 반죽은 비닐에 싸서 냉장고에 넣고 휴지시킨다. 그래야 토핑용 반죽을 구성하는 유지가 어느 정도 굳어 반죽정형 공정 시 효율적으로 작업할 수 있다.

② 커피는 사용할 물 일부에 미리 녹여 반죽에 넣는 것이 가장 확실한 방법이다. 혹여 찬물에 용해성이 떨어지는 믹스커피가 제공될 수도 있기 때문이다. 27℃의 물에 씻은 건포도에 계량 외 강력분 10g을 섞어 믹싱한다.

③ 반죽정형 공정 시 타원형으로 만든 반죽 위에 토핑용 비스킷 반죽을 밀대로 밀어펴 얹어 감싼다. 이때 비스킷 반죽이 빵 반죽의 바닥 가장자리까지만 감싸질 정도로 덮어준다. 만약에 바닥면을 전부 감싸게 되면 비스킷 반죽이 열 전달의 효율을 떨어뜨리기 때문에 빵 반죽의 속이 익지 않게 된다.

④ 굽기 중 제품의 색만 보고 반죽익힘을 판단하면 빵속이 익지않을 수도 있으므로 시간도 고려한다.

14 단과자빵(트위스트형)

1 배합표

비율(%)	재료명	무게(g)
100	강력분	900
47	물	422
4	이스트	36
1	제빵개량제	8
2	소금	18
12	설탕	108
10	쇼트닝	90
3	분유	26
20	달걀	180
199	계	1,788

2 요구사항 (3시간 30분)

※ 단과자빵(트위스트형)을 제조하여 제출하시오.

① 배합표의 각 재료를 계량하여 재료별로 진열하시오(9분).
- 재료계량(재료당 1분) → [감독위원 계량확인] → 작품제조 및 정리정돈(전체시험시간−재료계량시간)
- 재료계량 시간내에 계량을 완료하지 못하여 시간이 초과된 경우 및 계량을 잘못한 경우는 추가의 시간 부여 없이 작품제조 및 정리정돈 시간을 활용하여 요구사항의 무게대로 계량
- 달걀의 계량은 감독위원이 지정하는 개수로 계량

② 반죽은 스트레이트법으로 제조하시오(단, 유지는 클린업 단계에 첨가하시오).

③ 반죽온도는 27℃를 표준으로 하시오.

④ 반죽분할무게는 50g이 되도록 하시오.

⑤ 모양은 8자형 12개, 달팽이형 12개로 2가지 모양으로 만드시오.

⑥ 완제품 24개를 성형하여 제출하고, 남은 반죽은 감독위원의 지시에 따라 별도로 제출하시오.

제조 공정

1. 반죽
제법: 스트레이트법, 완료점: 최종단계(100%), 반죽온도: 27℃

2. 1차 발효
온도: 27℃, 습도: 75~80%, 시간: 45분

3. 분할 및 성형
분할무게: 50g, 둥글리기, 중간발효: 10분, 성형: 달팽이형, 8자형

◐ 달팽이형 성형하기
· 반죽을 30cm 길이로 비벼 늘리며 한쪽은 얇게 만든다.
· 굵은 쪽을 안쪽으로 중심을 잡고 반죽을 평평하게 돌려 감는다.

◐ 8자형 성형하기
· 반죽을 25cm 길이로 비벼 늘린 후 8자형으로 꼬아 만든다.

4. 패닝 및 2차 발효(생산수량: 24개)
패닝: 1팬에 12개씩, 2차 발효 온도: 38℃, 습도: 85%, 시간: 30~35분

5. 굽기
온도: 190/140℃, 시간: 15~17분

합격 포인트.

① 감독위원이 분할 및 둥글리기 공정 점검 후 중간발효시킬 때 원형의 반죽을 5~6cm 정도의 막대형으로 만든 후 중간 발효를 진행한다.
② 중간발효가 부족하면 반죽 글루텐의 탄력성은 약화되지 않고 신장성은 회복되지 못한 상태이므로 반죽 자체가 긴장 되어 자꾸 수축하게 된다. 이러한 경우에는 그대로 성형하지 말고 중간발효를 조금 더 시킨다.
③ 달팽이형은 길이 30cm, 8자형은 길이 25cm로 늘려 모양을 만들 때 필요한 길이보다 5cm정도 더 늘린 후 수축시켜 감독관이 제시한 모양을 만든다. 이렇게 더 늘린 후 수축시켜 모양을 만들어야 반죽과 반죽이 겹쳐 만들어지는 경계 면이 반죽을 구운 후에도 선명하게 나타나게 된다.
④ 2차 발효를 너무 많이 해도 트위스트형의 모양을 만드는 경계면이 없어진다.

15 단과자빵(소보로빵)

1 배합표

비율(%)	재료명	무게(g)
100	강력분	900
47	물	423(422)
4	이스트	36
1	제빵개량제	9(8)
2	소금	18
18	마가린	162
2	탈지분유	18
15	달걀	135(136)
16	설탕	144
205	계	1,845 (1,844)

-토핑용 소보로-　　　※ 계량시간에서 제외

비율(%)	재료명	무게(g)
100	중력분	300
60	설탕	180
50	마가린	150
15	땅콩버터	45(46)
10	달걀	30
10	물엿	30
3	탈지분유	9(10)
2	베이킹파우더	6
1	소금	3
251	계	753

2 요구사항 (3시간 30분)

※ 단과자빵(소보로빵)을 제조하여 제출하시오.

① 빵반죽 재료를 계량하여 재료별로 진열하시오(9분).
- 재료계량(재료당 1분) → [감독위원 계량확인] → 작품제조 및 정리정돈(전체시험시간−재료계량시간)
- 재료계량 시간내에 계량을 완료하지 못하여 시간이 초과된 경우 및 계량을 잘못한 경우는 추가의 시간 부여 없이 작품제조 및 정리정돈 시간을 활용하여 요구사항의 무게대로 계량
- 달걀의 계량은 감독위원이 지정하는 개수로 계량

② 반죽은 스트레이트법으로 제조하시오(단, 유지는 클린업 단계에 첨가하시오).

③ 반죽온도는 27℃를 표준으로 하시오.

④ 반죽 1개의 분할무게는 50g씩, 1개당 소보로 사용량은 약 30g 정도로 제조하시오.

⑤ 토핑용 소보로는 배합표에 따라 직접 제조하여 사용하시오.

⑥ 반죽은 24개를 성형하여 제조하고, 남은 반죽과 토핑용 소보로는 감독위원의 지시에 따라 별도로 제출하시오.

제조 공정

1. 반죽
제법: 스트레이트법, 완료점: 최종단계(100%), 반죽온도: 27℃

2. 1차 발효
온도: 27℃, 습도: 75~80%, 시간: 45분

3. 소보로 만들기(수작업)
· 마가린과 땅콩버터를 넣고 손거품기로 유연하게 풀어 준다.
· 설탕, 소금, 물엿을 넣고 크림화 한 후 달걀을 넣고 부드러운 크림상태로 만든다.
· 체질한 가루재료를 넣고 주걱으로 가루가 보이지 않을 때까지 섞는다.
· 정형공정까지 휴지시킨 후 두 손으로 가볍게 비벼 파슬파슬한 상태의 소보로를 만들어 사용한다.

4. 분할 및 성형
분할무게: 50g, 둥글리기, 중간발효: 5~10분, 성형

◐ 소보로빵 성형하기
· 반죽을 가볍게 재둥글리기한 후 윗면에 물을 묻혀 준다.
· 작업대 위에 펴놓은 소보로에 반죽을 손가락으로 골고루 찍히도록 눌러 준다.
· 반죽을 들어 반대편 손바닥에 놓은 후 평철판에 살짝 볼록한 형태로 패닝한다.

5. 패닝 및 2차 발효(생산수량: 24개)
패닝: 1팬에 12개씩, 2차 발효 온도: 35℃, 습도: 85%, 시간: 30~35분

6. 굽기
온도: 185/150℃, 시간: 15~17분

합격 포인트

① 제품의 개수가 많으므로 분할 및 둥글리기가 가급적 빠른 시간 내에 완료될 수 있도록 해야만 한다. 늦어지면 앞의 분할반죽과 뒤의 분할반죽 간의 발효 편차가 발생한다.

② 소보로 제조는 반죽을 1차 발효실에 넣고 바로 시작하도록 한다. 그리고 계절에 따라 반죽의 상태가 질다고 판단이 들면 냉장고에 넣고 휴지를 시켜 굳히도록 한다.

③ 소보로 반죽의 상태가 너무 질어지면 소보로가 갈라지지 않는다. 그렇기 때문에 토핑 반죽을 지나치게 크림화시키거나 크림화 후 가루재료를 붓고 너무 섞지 않도록 한다.

④ 2차 발효 완료점은 약간 작게 설정한다. 왜냐하면 반죽의 윗면에 소보로를 묻히기 때문에 오븐라이즈라는 원인으로 반죽이 오븐에 들어가서 오븐 팽창이 크다.

⑤ 일반적인 과자빵보다 비스킷 토핑이 올라가는 소보로는 굽기 시 윗불의 온도는 10℃ 낮고 시간은 2~3분 더 구워야 형태가 유지된다.

16 단과자빵(크림빵)

1 배합표

비율(%)	재료명	무게(g)
100	강력분	800
53	물	424
4	이스트	32
2	제빵개량제	16
2	소금	16
16	설탕	128
12	쇼트닝	96
2	분유	16
10	달걀	80
201	계	1,608

-충전용-   ※ 계량시간에서 제외

(1개당 30g)	커스터드 크림	360

2 요구사항 (3시간 30분)

※ 단과자빵(크림빵)을 제조하여 제출하시오.

① 배합표의 각 재료를 계량하여 재료별로 진열하시오(9분).
- 재료계량(재료당 1분) → [감독위원 계량확인] → 작품제조 및 정리정돈(전체시험시간−재료계량시간)
- 재료계량 시간내에 계량을 완료하지 못하여 시간이 초과된 경우 및 계량을 잘못한 경우는 추가의 시간 부여 없이 작품제조 및 정리정돈 시간을 활용하여 요구사항의 무게대로 계량
- 달걀의 계량은 감독위원이 지정하는 개수로 계량

② 반죽은 스트레이트법으로 제조하시오(단, 유지는 클린업 단계에 첨가하시오).

③ 반죽온도는 27℃를 표준으로 하시오.

④ 반죽 1개의 분할무게는 45g, 1개당 크림 사용량은 30g으로 제조하시오.

⑤ 제품 중 12개는 크림을 넣은 후 굽고, 12개는 반달형으로 크림을 충전하지 말고 제조하시오.

⑥ 남은 반죽은 감독위원의 지시에 따라 별도로 제출하시오.

제조 공정

1. 반죽
제법: 스트레이트법, 완료점: 최종단계(100%), 반죽온도: 27℃

2. 1차 발효
온도: 27℃, 습도: 75~80%, 시간: 45분

3. 분할 및 성형
분할무게: 45g, 둥글리기, 중간발효: 10분, 성형: 충전형, 비충전형

◐ 충전형 12개 성형하기
· 밀대를 이용하여 반죽을 약 10cm 길이의 타원형으로 밀어 준 후 반죽을 뒤집어 성형한다.
· 반죽의 가운데 오도록 커스터드크림(30g)을 놓고 반으로 접어 고르게 붙여 준다.
· 스크래퍼를 이용하여 2cm 깊이로 4~5군데 자른다.

◐ 비충전형 12개 성형하기
· 밀대를 이용하여 반죽을 약 12cm 길이의 타원형으로 밀어 준 후 반죽을 뒤집어 성형한다.
· 밀어놓은 반죽을 1/2 지점 아래로 차곡차곡 겹쳐 놓는다.
· 붓으로 기름을 찍어 반죽에 바르고 기름칠하지 않은 쪽 반죽을 살짝 반으로 접어 반달 모양을 만든다. 이때 윗반죽이 살짝 더 길게 접어 준다.

4. 패닝 및 2차 발효(생산수량: 24개)
패닝: 1팬에 9~10개씩, 2차 발효 온도: 38℃, 습도: 85%, 시간: 30~35분

5. 굽기
온도: 190/140℃, 시간: 15~17분

합격 포인트

① 반죽을 밀대로 밀어펴기 중에는 작업대 위에 최소한의 덧가루를 뿌려 작업대에 반죽에 붙지 않도록 하고, 반죽 윗면과 밀대에도 덧가루를 묻혀 반죽이 밀대에 붙지 않도록 한다.
② 반죽을 밀어펼 때 일정한 두께가 되도록 밀대의 좌우를 잡고 있는 손의 평행과 밀대를 누르는 압력을 일정하게 유지하도록 의식하며 작업을 수행한다.
③ 밀어편 반죽의 모양이 타원형이 될 수 있도록 원형으로 둥글리기된 반죽을 작업대에 놓고 손바닥으로 가볍게 눌러가며 굴려 원통형으로 만든 후 밀대로 밀면 훨씬 수월하게 만들 수 있다.
④ 충전형 크림빵은 크림을 넣을 때 위아래 반죽을 붙히는 부분까지 크림이 묻지 않도록 주의한다. 비충전형 크림빵은 타원형으로 민 반죽의 반만 기름칠하여 접는다. 이때 반죽을 포개어 놓을 때는 윗면이 아랫면을 덮을 수 있도록 윗면을 조금 길게 한다.
⑤ 크림을 넣은 것은 넣지 않은 것보다 밑불을 10℃ 높여 굽는다.

17 단팥빵(비상스트레이트법)

1 배합표

비율(%)	재료명	무게(g)
100	강력분	900
48	물	432
7	이스트	63(64)
1	제빵개량제	9(8)
2	소금	18
16	설탕	144
12	마가린	108
3	탈지분유	27(28)
15	달걀	135(136)
204	계	1,836 (1,838)

-충전용- ※ 계량시간에서 제외

–	통팥앙금	960

2 요구사항 (3시간)

※ 단팥빵(비상스트레이트법)을 제조하여 제출하시오.

① 배합표의 각 재료를 계량하여 재료별로 진열하시오(9분).
   - 재료계량(재료당 1분) → [감독위원 계량확인] → 작품제조 및 정리정돈(전체시험시간−재료계량시간)
   - 재료계량 시간내에 계량을 완료하지 못하여 시간이 초과된 경우 및 계량을 잘못한 경우는 추가의 시간 부여 없이 작품제조 및 정리정돈 시간을 활용하여 요구사항의 무게대로 계량
   - 달걀의 계량은 감독위원이 지정하는 개수로 계량

② 반죽은 비상스트레이트법으로 제조하시오(단, 유지는 클린업단계에 첨가하고, 반죽온도는 30℃로 한다).

③ 반죽 1개의 분할무게는 50g, 팥앙금무게는 40g으로 제조하시오.

④ 반죽은 24개를 성형하여 제조하고, 남은 반죽은 감독위원의 지시에 따라 별도로 제출하시오.

제조 공정

1. 반죽
제법: 비상스트레이트법, 완료점: 최종단계후기(120%), 반죽온도: 30℃

2. 1차 발효
온도: 30℃, 습도: 75~80%, 시간: 25~30분

3. 분할 및 성형
분할무게: 50g, 둥글리기, 중간발효: 10분, 팥앙금: 40g, 성형

○ 단팥빵 성형하기
· 손바닥을 이용하여 반죽을 원형으로 누른 후 매끄러운 부분을 손바닥에 올린다.
· 분할해 둔 팥앙금을 올리고 해라를 이용하여 앙금을 누르고 손으로 반죽을 돌리며 앙금이 가운데 가도록 싼 후 이음새를 붙여 준다.
· 이음새가 아래로 가도록 패닝한 후 손바닥을 이용하여 반죽을 눌러 평평하게 만든다.
· 감독관의 지시가 있는 경우, 팽이모양의 기구를 이용하여 가운데에 구멍을 낸다.

4. 패닝 및 2차 발효(생산수량: 24개)
패닝: 1팬에 11~12개씩, 2차 발효 온도: 38℃, 습도: 85%, 시간: 30분

5. 굽기
온도: 190/150℃, 시간: 15분

합격 포인트

① 냉장고에 보관하는 팥앙금을 미리 꺼내어 온도를 실온으로 유지한 후 사용해야 반죽의 발효력을 일정하게 관리할 수 있고 팥소를 충전한 후 팽이로 구멍을 뚫을 때 구멍이 메꾸어지는 원인의 하나를 제거할 수 있다.

② 앙금싸기를 하는 동안 해라를 손에서 놓지 않으면서 작업을 진행한다.

③ 앙금을 싼 이음매가 아래로 가도록 철판에 놓고 엄지손가락 아랫부분을 이용하여 가운데가 옴폭해 지도록 눌러 준다. 이때 너무 세게 누르면 반죽의 탄력이 강해 이음매가 벌어지기도 한다.

④ 감독관의 지시가 있는 경우 팽이를 이용하여 제품 가운데를 1cm 내로 뚫어준다. 이때 붙어있던 윗반죽이 아랫반죽과 떨어져 뚫은 구멍이 사라지는 경우가 종종 있다. 그 이유는 생이스트와 제빵개량제의 사용량이 많아 반죽의 저항성이 강하기 때문이다. 그러므로 앙금싸기 후 잠시 휴지를 두어 반죽의 저항성을 상쇄시킨 후 구멍을 뚫어준다.

스위트롤

1 배합표

비율(%)	재료명	무게(g)
100	강력분	900
46	물	414
5	이스트	45(46)
1	제빵개량제	9(10)
2	소금	18
20	설탕	180
20	쇼트닝	180
3	탈지분유	27(28)
15	달걀	135(136)
212	계	1,908 (1,912)

─충전물─   ※ 계량시간에서 제외

15	충전용 설탕	135(136)
1.5	충전용 계피가루	13.5(14)

2 요구사항 (3시간 30분)

※ 스위트롤을 제조하여 제출하시오.

① 배합표의 각 재료를 계량하여 재료별로 진열하시오(9분).
  • 재료계량(재료당 1분) → [감독위원 계량확인] → 작품제조 및 정리정돈(전체시험시간−재료계량시간)
  • 재료계량 시간내에 계량을 완료하지 못하여 시간이 초과된 경우 및 계량을 잘못한 경우는 추가의 시간 부여 없이 작품제조 및 정리정돈 시간을 활용하여 요구사항의 무게대로 계량
  • 달걀의 계량은 감독위원이 지정하는 개수로 계량

② 반죽은 스트레이트법으로 제조하시오(단, 유지는 클린업 단계에 첨가하시오).

③ 반죽온도는 27℃를 표준으로 사용하시오.

④ 야자잎형 12개, 트리플리프(세잎새형) 9개를 만드시오.

⑤ 계피설탕은 각자가 제조하여 사용하시오.

⑥ 성형 후 남은 반죽은 감독위원의 지시에 따라 별도로 제출하시오.

제조 공정

1. 반죽
제법: 스트레이트법, 완료점: 최종단계(100%), 반죽온도: 27℃

2. 1차 발효
온도: 27℃, 습도: 75~80%, 시간: 50분

3. 분할 및 성형
분할무게: 2등분, 성형: 야자잎형, 트리플리프

◑ 스위트롤 성형하기
· 950g으로 2등분한 반죽을 밀대를 이용하여 가로 60cm, 세로 30cm, 두께 0.5cm의 직사각형으로 밀어 준다.
· 반죽의 윗부분 0.5cm 정도만 남기고 붓을 이용하여 녹인 버터를 바른다.
· 충전용 설탕과 계피가루를 잘 섞어 발라놓은 버터 위에 골고루 펴 바른 후 원통형으로 단단하게 말기한다.
· 버터를 바르지 않은 윗부분에 물칠 후 이음새를 잘 붙여 준비한다.

◑ 야자잎형 12개 성형하기
· 스크래퍼를 이용하여 4cm로 자르고 가운데를 4/5 정도 잘라 2등분 한 후 평철판에 양쪽을 벌려 하트 모양처럼 패닝한다.

◑ 트리플리프 9개 성형하기
· 스크래퍼를 이용하여 6cm로 자른 후 3등분 한 후 평철판에 반죽을 한쪽 방향으로 벌려 패닝한다.

4. 패닝 및 2차 발효(생산수량: 야자잎형 12개, 트리플리프 9개)
패닝: 1팬에 야자잎형 12개 트리플리프 9개, 2차 발효 온도: 38℃, 습도: 85%, 시간: 30분

5. 굽기
온도: 190/140℃, 시간: 15~17분

합격 포인트.

① 총 반죽을 950g 정도로 2등분 한 후 각각 야자잎형과 트리플리프를 만들기 위하여 밀대로 반죽을 밀어펴고 말기 작업을 할 때 신속하게 하지 않으면 반죽이 계속 발효되어 좋은 제품을 만들기 어려워진다. 그러므로 반죽을 5mm 정도의 동일한 두께로 신속하게 밀어펴서 충전물을 뿌린 후 가볍게 잡아당기면서 말기를 진행한다.

② 용해 버터를 만들 때 가열온도가 지나치게 높으면 버터가 물과 지방으로 분리되는 현상이 생기면서 용해가 일어난다. 그러므로 가열온도가 지나치게 높지 않도록 주의하면서 중탕을 한다. 60℃ 정도로 용해시킨 후 30℃ 정도로 식혀 사용하면 적당하다.

③ 잘못하여 용해 버터에 분리현상이 생기면 밀어편 반죽에 칠할 때 용해 버터 윗면의 지방만을 사용하여 고루 펴 바른다. 용해 버터 밑에 있는 물을 반죽에 바른 후 계피 설탕을 뿌리면 설탕이 녹아 설탕을 고르게 분산시킬 수 없다.

19 소시지빵

1 배합표

비율(%)	재료명	무게(g)
80	강력분	560
20	중력분	140
4	생이스트	28
1	제빵개량제	6
2	소금	14
11	설탕	76
9	마가린	62
5	탈지분유	34
5	달걀	34
52	물	364
189	계	1,318

-토핑 및 충전물- ※ 계량시간에서 제외

비율(%)	재료명	무게(g)
100	프랑크 소시지	(480)
72	양파	336
34	마요네즈	158
22	피자치즈	102
24	케챱	112
252	계	1,188

2 요구사항 (3시간 30분)

※ 소시지빵을 제조하여 제출하시오.

① 반죽재료를 계량하여 재료별로 진열하시오(10분)(토핑 및 충전물 재료의 계량은 휴지시간을 활용하시오).
- 재료계량(재료당 1분) → [감독위원 계량확인] → 작품제조 및 정리정돈(전체시험시간-재료계량시간)
- 재료계량 시간내에 계량을 완료하지 못하여 시간이 초과된 경우 및 계량을 잘못한 경우는 추가의 시간 부여 없이 작품제조 및 정리정돈 시간을 활용하여 요구사항의 무게대로 계량
- 달걀의 계량은 감독위원이 지정하는 개수로 계량

② 반죽은 스트레이트법으로 제조하시오.

③ 반죽온도는 27℃를 표준으로 하시오.

④ 반죽분할무게는 70g씩 분할하시오.

⑤ 완제품(토핑 및 충전물 완성)은 12개 제조하여 제출하고, 남은 반죽은 감독위원의 지시에 따라 별도로 제출하시오.

⑥ 충전물은 발효시간을 활용하여 제조하시오.

⑦ 정형모양은 낙엽모양 6개와 꽃잎모양 6개씩 2가지로 만들어서 제출하시오.

제조 공정

1. 반죽
제법: 스트레이트법, 완료점: 최종단계(100%), 반죽온도: 27℃

2. 1차 발효
온도: 27℃, 습도: 75~80%, 시간: 45분

3. 분할 및 성형
분할무게: 70g, 둥글리기, 중간발효: 10분, 성형: 꽃잎모양, 낙엽모양

❍ 꽃잎모양 성형하기
· 반죽을 밀어 소시지를 감싼 후 가위를 이용하여 밑 반죽을 제외한 부분을 0.5cm 간격으로 잘라 준다.
· 가위를 세워 7등분으로 자른 후 반죽을 원형으로 돌리면서 눕혀 준다.

❍ 낙엽모양 성형하기
· 반죽을 밀어 소시지를 감싼 후 가위를 이용하여 밑 반죽을 제외한 부분을 0.4cm 간격으로 잘라 준다.
· 가위를 눕혀 비스듬히 8등분으로 자른 후 엇갈려 눕힌다.

4. 패닝 및 2차 발효(생산수량: 12개)
패닝: 1팬에 6개씩, 2차 발효 온도: 38℃, 습도: 80%, 시간: 30분

5. 토핑물 올리기
· 양파를 잘게 잘라 마요네즈에 버무려 놓는다.
· 반죽 윗면에 양파를 얹고 피자치즈를 뿌린다.
· 짤주머니에 담은 케찹을 지그재그로 짠다.

6. 굽기
온도: 220/160℃, 시간: 15분

合격 포인트.

① 반죽정형 공정 시 요구하는 제품의 개수가 12개이므로 반죽을 70g씩 분할하고 둥글리기할 때 6개를 단위로 분할 후 둥글리기를 하면 보다 효율적으로 수행할 수 있다.
② 성형 시 소시지를 감싸기 위해 반죽을 밀어펼 때 밀대로 9개를 한꺼번에 밀어편 후 소시지를 얹어 반죽으로 감싸는 것이 효율적이다.
③ 소시지를 감싸기 위해 반죽을 넓게 펼 때 완제품의 균형감을 위해서는 손으로 반죽을 눌러 소시지를 얹기보다는 반죽을 밀대로 밀어펴서 소시지를 얹는 것이 좋다.
④ 실기시험 진행여건상 충전물과 토핑물은 1차 발효 때에 준비하는 것이 좋다.
⑤ 2차 발효 시 발효기의 온도, 습도는 감독관이 설정한 온도와 습도에서 진행하므로 수검자는 시간관리를 하면서 상태를 보며 발효완료점을 파악한다.

20 빵도넛

1 배합표

비율(%)	재료명	무게(g)
80	강력분	880
20	박력분	220
10	설탕	110
12	쇼트닝	132
1.5	소금	16.5(16)
3	탈지분유	33(32)
5	이스트	55(56)
1	제빵개량제	11(10)
0.2	바닐라향	2.2(2)
15	달걀	165(164)
46	물	506
0.2	넛메그	2.2(2)
194	계	2,132.9 (2,130)

2 요구사항 (3시간)

※ 빵도넛을 제조하여 제출하시오.

① 배합표의 각 재료를 계량하여 재료별로 진열하시오(12분).
- 재료계량(재료당 1분) → [감독위원 계량확인] → 작품제조 및 정리정돈(전체시험시간−재료계량시간)
- 재료계량 시간내에 계량을 완료하지 못하여 시간이 초과된 경우 및 계량을 잘못한 경우는 추가의 시간 부여 없이 작품제조 및 정리정돈 시간을 활용하여 요구사항의 무게대로 계량
- 달걀의 계량은 감독위원이 지정하는 개수로 계량

② 반죽을 스트레이트법으로 제조하시오(단, 유지는 클린업 단계에서 첨가하시오).

③ 반죽온도는 27℃를 표준으로 하시오.

④ 분할무게는 46g씩으로 하시오.

⑤ 모양은 8자형 22개와 트위스트형(꽈배기형) 22개로 만드시오. (남은 반죽은 감독위원의 지시에 따라 별도로 제출하시오.)

제조 공정

1. 반죽
제법: 스트레이트법, 완료점: 발전단계(80%), 반죽온도: 27℃

2. 1차 발효
온도: 27℃, 습도: 75~80%, 시간: 40분

3. 분할 및 성형
분할무게: 46g, 둥글리기, 중간발효: 10분, 성형: 8자형, 트위스트형

◐ 8자형 성형하기
· 반죽을 손바닥으로 눌러 가스를 뺀 후 손으로 굴리며 30cm 정도로 늘린다.
· 반죽을 3등분으로 나눠 잡고 꼬아 8자형을 만든다.

◐ 트위스트형 성형하기
· 반죽을 30cm 정도로 늘린 후 양쪽 끝을 양손으로 잡고 반죽을 서로 반대쪽으로 밀어 꼰 후 들어 올려 꼬아지게 만든다.

4. 패닝 및 2차 발효(생산수량: 44개)
패닝: 1팬에 11~12개씩, 2차 발효 온도: 35℃, 습도: 80%, 시간: 20~25분

5. 튀기기
온도: 180~190℃, 시간: 2~3분

6. 마무리
설탕 묻히기

합격 포인트

① 반죽정형 공정 시 중간발효가 부족하면 빵 반죽에 모양을 만들 수 있도록 하는 글루텐의 유연성과 신장성이 회복되지 못한 상태가 된다. 이러한 상태에서는 반죽에 부여된 모양이 유지될 수 있도록 하는 글루텐이 갖고 있는 저항성과 탄력성이 지나치게 강하기 때문에 자꾸 수축하게 된다. 그래서 이러한 경우에는 그대로 성형하지 말고 중간발효를 조금 더 시킨다. 그러면 반죽의 저항성과 탄력성은 감소하고 유연성과 신장성이 커져 모양을 쉽게 만들 수 있다.

② 반죽익힘 공정 시 튀길 때 제품 표면에 수포가 생기지 않도록 2차 발효 후 반죽의 표면을 말려 수분을 제거한 후 튀긴다.

③ 다른 단과자빵에 비하여 2차 발효를 조금 짧게 하며, 제품을 튀길 때 적절한 시기에 한 번만 뒤집어 준다. 왜냐하면 튀길 때 반죽이 많이 팽창하기 때문이다.

④ 튀기는 동안 자주 뒤집거나 기름 온도가 낮으면 완제품에 기름이 많이 흡수된다.